大学入試

毎年出る！

センバツ35題

齋藤正樹 著

JN052289

数学

上位レベル

［数学Ⅰ・A・Ⅱ・B］

別冊問題

旺文社

大学入試

毎年出る！

センバツ35題

齋藤正樹 著

文系数学
上位レベル
[数学I・A・II・B]

別冊問題

旺文社

問題　目次

テーマ **1** | 2変数関数の最大・最小！ 独立タイプ？ 従属タイプ？

☐ **これだけは！** **1** ⏲️**25**分 解答は本冊 P.4

xy 平面内の領域 $-1 \leqq x \leqq 1$, $-1 \leqq y \leqq 1$ において $1 - ax - by - axy$ の最小値が正となるような定数 a, b を座標とする点 (a, b) の範囲を図示せよ。 （東京大）

[類題出題校：東北大，三重大，京都大]

テーマ **2** | 2変数関数の最大・最小！ 線形計画法の応用！

☐ **これだけは！** **2** ⏲️**30**分 解答は本冊 P.10

a を正の実数とする。次の2つの不等式を同時に満たす点 (x, y) 全体からなる領域を D とする。

$$y \geqq x^2, \ y \leqq -2x^2 + 3ax + 6a^2$$

領域 D における $x + y$ の最大値，最小値を求めよ。 （東京大）

[類題出題校：北海道大，東北大，広島大]

テーマ 3 | 「すべて」と「ある」の不等式！

これだけは！ 3　　25分　解答は本冊 P.14

a を実数の定数とする。区間 $1 \leqq x \leqq 4$ を定義域とする2つの関数
$$f(x)=ax, \quad g(x)=x^2-4x+9$$
を考える。次の条件を満たすような a の範囲をそれぞれ求めよ。

(1) 定義域に属するすべての x に対して，$f(x) \geqq g(x)$ が成り立つような a の範囲は，
$a \geqq \boxed{}$ である。

(2) 定義域に属する x で，$f(x) \geqq g(x)$ を満たすものがあるような a の範囲は，
$a \geqq \boxed{}$ である。

(3) 定義域に属するすべての x_1 とすべての x_2 に対して，$f(x_1) \geqq g(x_2)$ が成り立つような a の範囲は，$a \geqq \boxed{}$ である。

(4) 定義域に属する x_1 と x_2 で，$f(x_1) \geqq g(x_2)$ を満たすものがあるような a の範囲は，
$a \geqq \boxed{}$ である。　　　　（慶應義塾大）

［類題出題校：一橋大，京都大，早稲田大］

テーマ 4 | 3次関数の対称性！

これだけは！ 4　　25分　解答は本冊 P.20

a を実数とし，$f(x)=x^3-3ax$ とする。区間 $-1 \leqq x \leqq 1$ における $|f(x)|$ の最大値を M とする。M の最小値とそのときの a の値を求めよ。　　　　（一橋大）

［類題出題校：千葉大，東京大，横浜国立大］

テーマ **5** 円と放物線が接する面積問題！

☐ これだけは！ **5**　　　　　　　　　　　　　　⏱25 分　　解答は本冊 P. 24

放物線 $y=ax^2$ $(a>0)$ と円 $(x-b)^2+(y-1)^2=1$ $(b>0)$ が，点 $P(p, q)$ で接しているとする。ただし，$0<p<b$ とする。この円の中心 Q から x 軸に下ろした垂線と x 軸との交点を R としたとき，$\angle PQR=120°$ であるとする。ここで，放物線と円が点 P で接するとは，P が放物線と円の共有点であり，かつ点 P における放物線の接線と点 P における円の接線が一致することである。

(1)　a, b の値を求めよ。

(2)　点 P と点 R を結ぶ短い方の弧と x 軸，および放物線で囲まれた部分の面積を求めよ。

（名古屋大）

［類題出題校：広島大，香川大，早稲田大］

テーマ **6** 絶対値を含む定積分で表された関数は面積に帰着！

☐ これだけは！ **6**　　　　　　　　　　　　　　⏱25 分　　解答は本冊 P. 28

$t\geqq1$ において，関数 $f(t)=\displaystyle\int_{-1}^{1}|(x-t+2)(x+t)|dx$ を最小にする t の値と，そのときの最小値を求めよ。

（東北大）

［類題出題校：名古屋大，岡山大，大分大］

テーマ 7 | 定積分と最大・最小の融合問題！

これだけは！ 7　　　　30分　解答は本冊 P.32

2次以下の整式 $f(x)=ax^2+bx+c$ に対し，$S=\int_0^2|f'(x)|dx$ を考える。

(1) $f(0)=0$，$f(2)=2$ のとき S を a の関数として表せ。

(2) $f(0)=0$，$f(2)=2$ を満たしながら f が変化するとき，S の最小値を求めよ。　（東京大）

[類題出題校：東北大，名古屋大，島根大]

テーマ 8 | 積分方程式　①定数型と②変数型！

これだけは！ 8　　　　40分　解答は本冊 P.36

(1) a を正の定数とする。$f(x)=ax+\int_0^1\{f(t)\}^2dt$ を満たす関数 $f(x)$ がただ1つしか存在しないように定数 a の値を定めよ。また，そのときの $f(x)$ を求めよ。　（東北大）

(2) 整式 $f(x)$ と実数 C が

$$\int_0^x f(y)\,dy+\int_0^1(x+y)^2f(y)\,dy=x^2+C$$

を満たすとき，この $f(x)$ と C を求めよ。　（京都大）

[類題出題校：北海道大，千葉大，大分大]

テーマ **9** | 1対1対応とは限らない方程式の解の個数問題！

これだけは！ **9** ⏱ ㉕分 解答は本冊 P.41

実数 a, b に対し，$f(\theta)=\cos 2\theta+2a\sin\theta-b$ $(0\leqq\theta\leqq\pi)$ とする。

(1) 方程式 $f(\theta)=0$ が奇数個の解をもつときの a, b が満たす条件を求めよ。

(2) 方程式 $f(\theta)=0$ が4つの解をもつときの点 (a, b) の範囲を ab 平面上に図示せよ。

(横浜国立大)

[類題出題校：岩手大，福島大，京都大]

テーマ **10** | 円周上の動点が絡む図形問題！ 設定力を極める！

これだけは！ **10** ⏱ ㉚分 解答は本冊 P.46

平面上に同じ点Oを中心とする半径1の円 C_1 と半径2の円 C_2 があり，C_1 の周上に定点Aがある。点 P，Q はそれぞれ C_1，C_2 の周上を反時計回りに動き，ともに時間 t の間に弧長 t だけ進む。時刻 $t=0$ において，P はAの位置にあってO, P, Q はこの順に同一直線上に並んでいる。$0\leqq t\leqq 4\pi$ のとき，△APQ の面積の2乗の最大値を求めよ。(名古屋大)

[類題出題校：千葉大，九州大，早稲田大]

テーマ **11** | 2直線のなす角をどう処理するか？

☐ **これだけは！ 11** ⏱㉕分　解答は本冊 P.50

a, b, c は整数で，$a<b<c$ を満たす。放物線 $y=x^2$ 上に3点 $A(a, a^2)$, $B(b, b^2)$, $C(c, c^2)$ をとる。

(1) $\angle BAC=60^\circ$ とはならないことを示せ。ただし，$\sqrt{3}$ が無理数であることを証明なしに用いてよい。

(2) $a=-3$ のとき，$\angle BAC=45^\circ$ となる組 (b, c) をすべて求めよ。　　（一橋大）

[類題出題校：北海道大，東京大]

テーマ **12** | 内積の図形的意味と三角形の外心！

☐ **これだけは！ 12** ⏱㉕分　解答は本冊 P.54

点Oを中心とする円に四角形 ABCD が内接していて，次を満たす。

　　$AB=1$, $BC=CD=\sqrt{6}$, $DA=2$

(1) AC を求めよ。

(2) $\overrightarrow{AO}\cdot\overrightarrow{AD}$ および $\overrightarrow{AO}\cdot\overrightarrow{AC}$ を求めよ。

(3) $\overrightarrow{AO}=x\overrightarrow{AC}+y\overrightarrow{AD}$ となる x, y の値を求めよ。　　（一橋大）

[類題出題校：慶應義塾大，早稲田大，同志社大]

テーマ 13 | 正射影ベクトルと三角形の垂心！

□ これだけは！ 13   ㉕分   解答は本冊 P.57

　三角形 OAB において，辺 OA，辺 OB の長さをそれぞれ a，b とする。また，角 AOB は直角ではないとする。2 つのベクトル $\overrightarrow{OA}$ と $\overrightarrow{OB}$ の内積 $\overrightarrow{OA}\cdot\overrightarrow{OB}$ を k とおく。

(1) 直線 OA 上に点 C を，$\overrightarrow{BC}$ が $\overrightarrow{OA}$ と垂直になるようにとる。$\overrightarrow{OC}$ を a，k，$\overrightarrow{OA}$ を用いて表せ。

(2) $a=\sqrt{2}$，$b=1$ とする。直線 BC 上に点 H を，$\overrightarrow{AH}$ が $\overrightarrow{OB}$ と垂直になるようにとる。$\overrightarrow{OH}=u\overrightarrow{OA}+v\overrightarrow{OB}$ とおくとき，u と v をそれぞれ k で表せ。

(神戸大)

[類題出題校：一橋大，京都大，九州大]

テーマ 14 | 空間上の 2 直線の交点の扱い方と等面四面体！

□ これだけは！ 14   ㉟分   解答は本冊 P.61

　四面体 OABC において，$\vec{a}=\overrightarrow{OA}$，$\vec{b}=\overrightarrow{OB}$，$\vec{c}=\overrightarrow{OC}$ とおく。線分 OA，OB，OC，BC，CA，AB の中点をそれぞれ，L，M，N，P，Q，R とし，$\vec{p}=\overrightarrow{LP}$，$\vec{q}=\overrightarrow{MQ}$，$\vec{r}=\overrightarrow{NR}$ とおく。

(1) 線分 LP，MQ，NR は 1 点で交わることを示せ。

(2) $\vec{a}$，$\vec{b}$，$\vec{c}$ を $\vec{p}$，$\vec{q}$，$\vec{r}$ を用いて表せ。

(3) 直線 LP，MQ，NR が互いに直交するとする。X を $\overrightarrow{AX}=\overrightarrow{LP}$ となる空間の点とするとき，四面体 XABC の体積および四面体 OABC の体積を $|\vec{p}|$，$|\vec{q}|$，$|\vec{r}|$ を用いて表せ。

(東北大)

[類題出題校：京都大，早稲田大]

テーマ **15** 球が絡む空間図形問題！　対称性を意識せよ！

これだけは！　**15**　　　㉟分　解答は本冊 P.66

(1) 半径 1 の球が正四面体のすべての面に接しているとき，この正四面体の 1 辺の長さは
　　　ア　である。
(2) 半径 1 の球が正四面体のすべての辺に接しているとき，この正四面体の 1 辺の長さは
　　　イ　である。 （早稲田大）

［類題出題校：北海道大，東京大］

テーマ **16** 注意すべき軌跡の同値性！　実数条件を忘れるな！

これだけは！　**16**　　　㉕分　解答は本冊 P.71

　　O を原点とする座標平面上の曲線 $y=x^2$ 上の 2 点 A，B に対し，$\overrightarrow{OA}\cdot\overrightarrow{OB}=t$ とおく。

(1) t のとりうる値の範囲を求めよ。
(2) $t=2$ のとき，$\overrightarrow{OP}=\overrightarrow{OA}+\overrightarrow{OB}$ となる点 P の軌跡を求め，図示せよ。 （名古屋大）

［類題出題校：東京大，一橋大，京都大］

テーマ 17 | 2段階処理法と軌跡の融合問題！

☐ **これだけは！ 17**　　　⏱25分　解答は本冊 P.75

Oを原点とする座標平面を考える。不等式 $|x|+|y|\leqq 1$ が表す領域をDとする。また，点P，Qが領域Dを動くとき，$\overrightarrow{OR}=\overrightarrow{OP}\cdot\overrightarrow{OQ}$ を満たす点Rが動く範囲をEとする。

(1) D，E をそれぞれ図示せよ。

(2) a，b を実数とし，不等式 $|x-a|+|y-b|\leqq 1$ が表す領域をFとする。また，点S，Tが領域Fを動くとき，$\overrightarrow{OU}=\overrightarrow{OS}-\overrightarrow{OT}$ を満たす点Uが動く範囲をGとする。GはEと一致することを示せ。

（東京大）

［類題出題校：一橋大，札幌医科大］

テーマ 18 | 空間座標における点の軌跡問題のアプローチ！

☐ **これだけは！ 18**　　　⏱30分　解答は本冊 P.78

xyz 空間内の平面 $z=2$ 上に点Pがあり，平面 $z=1$ 上に点Qがある。直線PQとxy平面の交点をRとする。

(1) P(0, 0, 2)とする。点Qが平面 $z=1$ 上で点 (0, 0, 1) を中心とする半径1の円周上を動くとき，点Rの軌跡の方程式を求めよ。

(2) 平面 $z=1$ 上に4点 A(1, 1, 1), B(1, −1, 1), C(−1, −1, 1), D(−1, 1, 1) をとる。点Pが平面 $z=2$ 上で点 (0, 0, 2) を中心とする半径1の円周上を動き，点Qが正方形 ABCD の周上を動くとき，点Rが動きうる領域を xy 平面上に図示し，その面積を求めよ。

（一橋大）

［類題出題校：京都大，九州大］

テーマ **19** 直線・線分の通過領域問題！

□ これだけは！ **19**　　　　　　　　　　　⏱ ㉕分　　解答は本冊 P.81

　実数 t に対して2点 $P(t,\ t^2)$, $Q(t+1,\ (t+1)^2)$ を考える。

(1)　2点 P, Q を通る直線 l の方程式を求めよ。

(2)　a は定数とし，直線 $x=a$ と l の交点の y 座標を t の関数と考えて $f(t)$ とおく。t が $-1 \leqq t \leqq 0$ の範囲を動くときの $f(t)$ の最大値を a を用いて表せ。

(3)　t が $-1 \leqq t \leqq 0$ の範囲を動くとき，線分 PQ が通過してできる図形を図示し，その面積を求めよ。

（名古屋大）

［類題出題校：筑波大，一橋大，大阪大］

テーマ **20** 放物線の通過・非通過領域問題！

□ これだけは！ **20**　　　　　　　　　　　⏱ ㉕分　　解答は本冊 P.87

　座標平面上の2点 $A(-1, 1)$, $B(1, -1)$ を考える。また，P を座標平面上の点とし，その x 座標の絶対値は1以下であるとする。次の条件(i)または(ii)を満たす点Pの範囲を図示し，その面積を求めよ。

　(i)　頂点の x 座標の絶対値が1以上の2次関数のグラフで，点 A, P, B をすべて通るものがある。

　(ii)　点 A, P, B は同一直線上にある。

（東京大）

［類題出題校：千葉大，横浜国立大，名古屋大］

テーマ **21** | 極と極線！　式を読むという発想！

□ **これだけは！** **21**　㉕分　解答は本冊 P.90

xy 平面上に，曲線 $C_1 : y = \dfrac{x^2}{8} - 2$ と，原点を中心とする半径 1 の円 C_2 がある。

(1)　t を実数とする。曲線 C_1 上の点 $\left(t, \dfrac{t^2}{8} - 2\right)$ から円 C_2 へ引いた 2 本の接線が，それぞれ点 P_1，P_2 で C_2 と接する。P_1，P_2 を通る直線 l の方程式を求めよ。

(2)　(1)で求めた直線 l は，t の値にかかわらず，ある円に接することを示し，その円の方程式を求めよ。

(一橋大)

[類題出題校：大阪大，慶應義塾大，早稲田大]

テーマ **22** | 図形の総合力！　どの分野で解くか？　Part 1

□ **これだけは！** **22**　㉕分　解答は本冊 P.94

　△ABC を線分 BC を斜辺とする直角二等辺三角形とし，その外接円の中心を O とする。正の実数 p に対して，BC を $(p+1) : p$ に外分する点を D とし，線分 AD と △ABC の外接円との交点で A と異なる点を X とする。

(1)　ベクトル $\overrightarrow{OD}$ を $\overrightarrow{OC}$，p を用いて表せ。

(2)　ベクトル $\overrightarrow{OX}$ を $\overrightarrow{OA}$，$\overrightarrow{OC}$，p を用いて表せ。

(北海道大)

[類題出題校：京都大，大阪大]

テーマ **23** | 図形の総合力！ どの分野で解くか？ Part 2

□ これだけは！ **23** ⏱25分 解答は本冊 P.98

四面体 OABC において，点Oから3点 A, B, C を含む平面に下ろした垂線とその平面の交点をHとする。$\overrightarrow{OA} \perp \overrightarrow{BC}$, $\overrightarrow{OB} \perp \overrightarrow{OC}$, $|\overrightarrow{OA}| = 2$, $|\overrightarrow{OB}| = |\overrightarrow{OC}| = 3$, $|\overrightarrow{AB}| = \sqrt{7}$ のとき，$|\overrightarrow{OH}|$ を求めよ。

(京都大)

[類題出題校：北海道大，一橋大]

テーマ **24** | 図形の総合力！ どの分野で解くか？ Part 3

□ これだけは！ **24** ⏱30分 解答は本冊 P.106

頂点が z 軸上にあり，底面が xy 平面上の原点を中心とする円である円錐がある。この円錐の側面が，原点を中心とする半径1の球に接している。

(1) 円錐の表面積の最小値を求めよ。

(2) 円錐の体積の最小値を求めよ。 (一橋大)

[類題出題校：東京大，京都大]

テーマ 25 | 漸化式の立て方　円が絡む図形編！

座標平面上で不等式 $y \geqq x^2$ の表す領域を D とする。D 内にあり y 軸上に中心をもち原点を通る円のうち，最も半径の大きい円を C_1 とする。自然数 n について，円 C_n が定まったとき，C_n の上部で C_n に外接する円で，D 内にある y 軸上に中心をもつもののうち，最も半径の大きい円を C_{n+1} とする。C_n の半径を a_n とし，$b_n = a_1 + a_2 + \cdots\cdots + a_n$ とする。

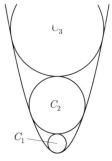

(1) a_1 を求めよ。

(2) $n \geqq 2$ のとき a_n を b_{n-1} で表せ。

(3) a_n を n の式で表せ。

（大阪大）

［類題出題校：筑波大，岐阜大，香川大］

テーマ 26 | 漸化式の立て方　確率編！　Part 1

これだけは！ 26 　　　⏱30分　解答は本冊 P.115

　最初 A, B, C の 3 人が, A を先頭に A, B, C の順で 1 列に並んでいる。さいころを投げるたびに, 以下の操作を行う。

　・1 の目が出たら, 先頭の人と 2 番目の人を入れ替える。

　・2 の目が出たら, 2 番目の人と 3 番目の人を入れ替える。

　・1, 2 以外の目が出たら, 入れ替えを行わない。

　n を自然数とする。n 回さいころを投げた後に A が先頭にいる確率を p_n, A が 2 番目にいる確率を q_n とする。

(1)　p_1, q_1 を求めよ。

(2)　p_{n+1}, q_{n+1} を p_n, q_n を用いてそれぞれ表せ。

(3)　q_n を求めよ。

(4)　$a_n = 2^n \left(p_n - \dfrac{1}{3} \right)$ とおき, a_{n+1} と a_n の関係式を求めよ。更に, p_n を求めよ。　　(岐阜大)

[類題出題校：東京大, 一橋大, 京都大]

テーマ **27** | 漸化式の立て方　確率編！　Part 2

☐ **これだけは！** **27**　　　　　⏱**30**分　解答は本冊 P.120

　右図のような立方体を考える。この立方体の 8 つの頂点の上を
点 P が次の規則で移動する。時刻 0 では点 P は頂点 A にいる。時
刻が 1 増えるごとに点 P は，今いる頂点と辺で結ばれている頂点
に等確率で移動する。例えば時刻 n で点 P が頂点 H にいるとする
と，時刻 $n+1$ では，それぞれ $\dfrac{1}{3}$ の確率で頂点 D，E，G のいず

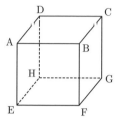

れかにいる。自然数 $n \geqq 1$ に対して，(i)点 P が時刻 n までの間一
度も頂点 A に戻らず，かつ時刻 n で頂点 B，D，E のいずれかにいる確率を p_n，(ii)点 P が
時刻 n までの間一度も頂点 A に戻らず，かつ時刻 n で頂点 C，F，H のいずれかにいる確
率を q_n，(iii)点 P が時刻 n までの間一度も頂点 A に戻らず，かつ時刻 n で頂点 G にいる確率
を r_n，とする。

(1)　p_2，q_2，r_2 と p_3，q_3，r_3 を求めよ。

(2)　$n \geqq 2$ のとき，p_n，q_n，r_n を求めよ。

(3)　自然数 $m \geqq 1$ に対して，点 P が時刻 $2m$ で頂点 A に初めて戻る確率 s_m を求めよ。

（名古屋大）

［類題出題校：北海道大，東京大，京都大］

テーマ 28 | ガウス記号！

☐ これだけは！ 28   ⏱ ⑳分   解答は本冊 P.125

実数 x に対して，$[x]$ は x を超えない最大の整数を表す。例えば，$\left[\frac{3}{2}\right]=1$, $[2]=2$ である。このとき，$0<\theta<\pi$ として次の問いに答えよ。ただし，必要なら $\sin\alpha=\dfrac{1}{2\sqrt{2}}$ となる角 $\alpha\left(0<\alpha<\dfrac{\pi}{2}\right)$ を用いてよい。

(1) 不等式 $\log_2\left[\dfrac{5}{2}+\cos\theta\right]\leqq 1$ を満たす θ の範囲を求めよ。

(2) 不等式 $\left[\dfrac{3}{2}+\log_2\sin\theta\right]\geqq 1$ を満たす θ の範囲を求めよ。

(3) 不等式 $\log_2\left[\dfrac{5}{2}+\cos\theta\right]\leqq 0\leqq\left[\dfrac{3}{2}+\log_2\sin\theta\right]$ を満たす θ の範囲を求めよ。 （九州大）

[類題出題校：北海道大，富山大，早稲田大]

テーマ 29 | フェルマーの小定理！

☐ これだけは！ 29   ⏱ ㉕分   解答は本冊 P.129

自然数 $m\geqq 2$ に対し，$m-1$ 個の二項係数 $_mC_1$, $_mC_2$, ……, $_mC_{m-1}$ を考え，これらすべての最大公約数を d_m とする。すなわち d_m はこれらすべてを割り切る最大の自然数である。

(1) m が素数ならば，$d_m=m$ であることを示せ。

(2) すべての自然数 k に対し，k^m-k が d_m で割り切れることを，k に関する数学的帰納法によって示せ。 （東京大）

[類題出題校：金沢大，長崎大，琉球大]

テーマ **30** | フェルマーの無限降下法！

これだけは！ **30**　㉕分　解答は本冊 P.132

⑴　任意の自然数 a に対し，a^2 を 3 で割った余りは 0 か 1 であることを証明せよ。

⑵　自然数 a, b, c が $a^2+b^2=3c^2$ を満たすと仮定すると，a, b, c はすべて 3 で割り切れなければならないことを証明せよ。

⑶　$a^2+b^2=3c^2$ を満たす自然数 a, b, c は存在しないことを証明せよ。　　　　（九州大）

［類題出題校：千葉大，熊本大，東京都立大］

テーマ **31** | 二段仮定の数学的帰納法！

これだけは！ **31**　⑳分　解答は本冊 P.135

　a, b は実数で $a^2+b^2=16$, $a^3+b^3=44$ を満たしている。

⑴　$a+b$ の値を求めよ。

⑵　n を 2 以上の整数とするとき，a^n+b^n は 4 で割り切れる整数であることを示せ。

（東京大）

［類題出題校：東北大，筑波大，お茶の水女子大］

テーマ **32** | 漸化式の立て方　整式編！

これだけは！ **32** ㉕分　解答は本冊 P.139

n は正の整数とする。x^{n+1} を x^2-x-1 で割った余りを $a_n x + b_n$ とおく。

(1)　数列 a_n, b_n　$(n=1,\ 2,\ 3,\ \cdots\cdots)$ は $\begin{cases} a_{n+1}=a_n+b_n \\ b_{n+1}=a_n \end{cases}$ を満たすことを示せ。

(2)　$n=1,\ 2,\ 3,\ \cdots\cdots$ に対して，a_n, b_n はともに正の整数で，互いに素であることを証明せよ。

(東京大)

[類題出題校：東北大，名古屋大，京都大]

テーマ **33** | 「実験」して「推測」から「帰納法」で証明！

これだけは！ **33** ㉚分　解答は本冊 P.144

数列 $\{a_n\}$ が
$$\begin{cases} (a_1+a_2+\cdots\cdots+a_n)^2=a_1{}^3+a_2{}^3+\cdots\cdots+a_n{}^3 & (n=1,\ 2,\ 3,\ \cdots\cdots) \\ a_{3m-2}>0,\ a_{3m-1}>0,\ a_{3m}<0 & (m=1,\ 2,\ 3,\ \cdots\cdots) \end{cases}$$
を満たすとき，次の問いに答えよ。

(1)　$a_1,\ a_2,\ \cdots\cdots,\ a_6$ を求めよ。

(2)　$a_{3m-2},\ a_{3m-1},\ a_{3m}$　$(m=1,\ 2,\ 3,\ \cdots\cdots)$ を m の式で表せ。

(横浜国立大)

[類題出題校：新潟大，長崎大，県立広島大]

テーマ **34** │ 「実験」からその問題の特殊性や規則性を見破れ！

☐ これだけは！ **34** ⏱30分　解答は本冊 P.149

正の整数 n に対して，整数 $f(n)$ を $f(n)=\left[\dfrac{n}{[\sqrt{n}\,]}\right]$ で定義する。ただし，$[x]$ は x 以下の最大の整数を表す。例えば $[2]=2$，$[3.8]=3$，$\left[\dfrac{7}{[\sqrt{7}\,]}\right]=\left[\dfrac{7}{2}\right]=3$ である。

(1)　$f(n)=5$ となる n の最小値と最大値を求めよ。

(2)　$f(n)>f(n+1)$ を満たす 2007 以下の正の整数 n の個数を求めよ。　　　（早稲田大）

［類題出題校：東京大，一橋大，京都大］

テーマ **35** │ 全称命題！　必要条件を求めてから十分性の検証！

☐ これだけは！ **35** ⏱25分　解答は本冊 P.154

θ を実数とし，数列 $\{a_n\}$ を $a_1=1$，$a_2=\cos\theta$，$a_{n+2}=\dfrac{3}{2}a_{n+1}-a_n$ $(n=1,\ 2,\ 3,\ \cdots\cdots)$ により定める。すべての n について $a_n=\cos(n-1)\theta$ が成り立つとき，$\cos\theta$ を求めよ。

（一橋大）

［類題出題校：横浜国立大，大阪大］

毎年出る！
センバツ**35**題
文系数学
上位レベル
[数学 I・A・II・B]

別冊
問題

Obunsha

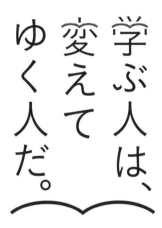

学ぶ人は、
変えて
ゆく人だ。

目の前にある問題はもちろん、

人生の問いや、

社会の課題を自ら見つけ、

挑み続けるために、人は学ぶ。

「学び」で、

少しずつ世界は変えてゆける。

いつでも、どこでも、誰でも、

学ぶことができる世の中へ。

旺文社

はじめに

『毎年出る！ センバツ 文系数学』シリーズは，受験科目として数学が必要な文系の受験生を対象に執筆しました。標準レベルと上位レベルの2冊の構成になっています。最新の入試傾向に合わせて，実際に出題された文系の入試問題（文理共通問題も多数含まれる）から解く価値のある重要問題（良問）"だけ"を採用しています。

レベル別になっていない問題集を使用して，難易度の差が大きく，所々で大きくつまずいてしまったり，途中で挫折してしまいそうになっている生徒を多く見てきました。これまでは，そんな頑張っている生徒を，質問に答えることで陰ながらフォローしてきました。このような経験を活かして，この『毎年出る！ センバツ 文系数学』シリーズを書き下ろしました。

標準レベルでは，何千題という入試問題を分析した上で，すべての受験生に必須の内容だけに絞り，入試本番で確実に得点する力をつけるための最重要の40テーマを厳選しました。特に，文系学部の入試でよく出題されるテーマを取り上げています。

上位レベルでは，ある程度，文系数学の土台が確立されていて，数学で差をつけたい，難関大に本気で合格したいという生徒を対象に，難関大入試で必須の，思考する力をつけるための最重要の35テーマを厳選しました。難関大の文系学部の入試でよく出題されるテーマに加え，今後，出題が増えていくと予想されるテーマも取り上げています。

この問題集は，受験勉強の初期から中期のインプット用の問題集としても，受験直前期のアウトプット用の問題集としても，どちらにおいても使用できるように執筆しています。特に，受験直前期のアウトプット用の問題集として使用する場合は，最重要テーマの内容がより実践的に身についているかを確認するために，これだけは！の問題を解いて，自分の弱点を探して補強するという使い方がおすすめです。時間が限られている受験直前期で使用する場合は，思いっきり，この本の美味しいところだけを味わいましょう。

最後になりましたが，本書の執筆にあたり，私にとって初めての執筆ということで，スケジュールの管理から執筆のアドバイスまで，ご丁寧にご対応して頂きました青木希実子様をはじめ，編集や校閲に関わってくださった皆様に，この場を借りて深く御礼申し上げます。

齋藤正樹

本書の特長と使い方

■問題（別冊）

これだけは！

難関大学入試で必須の，思考する力をつけるための最重要テーマの問題 35 題を厳選しました。難関大の文系学部の入試でよく出題されるテーマに加え，今後，出題が増えていくと予想されるテーマも取り上げています。受験直前期に使用する場合は，最重要テーマの内容がより実践的に身についているかを確認するために，これだけは！の問題を何題かセットにして解いてみて，特に，解けなかった問題については解説をじっくり読んで，自分の弱点を探して補強するという使い方がおすすめです。

(00)分

目標解答時間です。この時間内に解き終わるように演習しましょう。

類題出題校

類題が出題された学校名を掲載しています。

■解答（本冊）

模範解答となる解き方を記しました。余白には，ふきだしで解答のポイント，補足説明を加えましたので，理解の助けとしてください。

重要ポイント 総整理！

これだけは！を解くために必要な知識，目の付け所を記しました。また，これだけは！の問題に関連する内容についても，体系的に身につくようにまとめています。どのように解けばよいのか見当がつかない場合は，先にここを読んでみましょう。

ちょっと一言・参考

解答について掘り下げた解説，関連する知識，発展的な考え方などを記しました。

解答 目次

著者紹介

齋藤正樹（さいとうまさき）
1985年宮城県生まれ。早稲田大学基幹理工学研究科数学応用数理専攻修士課程修了。現在，早稲田大学系属校 早稲田中学校・高等学校専任教諭。『全国大学入試問題正解 数学』（旺文社）の解答執筆者でもある。この本の姉妹本である『毎年出る！ センバツ40題 文系数学 標準レベル』（旺文社）も執筆している。学校教育にとどまらず，「算額をつくろうコンクール」の選考委員やその運営にも携わるなど，幅広く活躍中である。

紙面デザイン：内津 剛（及川真咲デザイン事務所）　図版：プレイン
編集協力：有限会社 四月社　企画・編集：青木希実子

これだけは！ 1

解答 x, y のうち，y を固定（定数扱い）して，まず，x のみを動かす。

$z=1-ax-by-axy$ とおく。

$z=-a(1+y)x+1-by$ ← xで整理します！

$f(x)=-a(1+y)x+1-by$ とおく。

> x の関数とみます！ ここでは，a, b, y は定数です！

> y を固定し，x だけを動かして，予選を行います！ 重要ポイント **総整理！** を参照！

$f(x)$ は，x の1次関数または，定数関数である。

ここで，$-1\leqq y\leqq 1$ より，$1+y\geqq 0$ に注意すると

> $f(x)$ の傾きの一部分の $1+y$ の符号が分かります！

(i) $a\geqq 0$ のとき，$f(x)$ は単調減少，または一定である。

> $f(x)$ の傾き $-a(1+y)\leqq 0$ のとき！

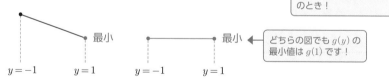

> どちらの図でも $f(x)$ の最小値は $f(1)$ です！

よって，$a\geqq 0$ のとき，$f(x)$ の最小値は，

$f(1)=-(a+b)y-a+1$ となる。

> 言わば，$a\geqq 0$ のときの，予選で勝ち進んだ「最小値たち」です！ 詳しくは 重要ポイント **総整理！** で！

次に，y を動かす。$g(y)=-(a+b)y-a+1$ とおく。

> y の関数と見ます！ 決勝戦の始まりです！ 重要ポイント **総整理！** を参照！

(a) $a+b\geqq 0$ のとき，$g(y)$ は単調減少，または一定である。

> $g(y)$ の傾き $-(a+b)\leqq 0$ のとき！

> どちらの図でも $g(y)$ の最小値は $g(1)$ です！

よって，$a\geqq 0$, $a+b\geqq 0$ のとき，最小値は

$g(1)=-2a-b+1$ となり，

> $a\geqq 0$, $a+b\geqq 0$ のときの，決勝で勝ち進んだ「最小値たちの中で一番の最小値」です！

この最小値が正となればよいので $g(1)>0$ ∴ $b<-2a+1$ ……①

(b) $a+b<0$ のとき，$g(y)$ は単調増加である。 ← $g(y)$ の傾き $-(a+b)>0$ のとき！

[図：最小 $y=-1$, $y=1$]

よって，$a \geqq 0$，$a+b<0$ のとき，最小値は
$g(-1)=b+1$ となり，

> $a \geqq 0$, $a+b<0$ のときの，決勝で勝ち進んだ「最小値たちの中で一番の最小値」です！

この最小値が正となればよいので　$g(-1)>0$　　$\therefore$　$b>-1$　……②

(ii)　$a<0$ のとき，$f(x)$ は単調増加，または一定である。

> $f(x)$ の傾き $-a(1+y) \geqq 0$ のとき！

最小　　　　　　　　　　　最小

$x=-1$　　$x=1$　　　　$x=-1$　　$x=1$

> どちらの図も $f(x)$ の最小値は $f(-1)$ です！

よって，$a<0$ のとき，$f(x)$ の最小値は
$f(-1)=(a-b)y+a+1$ となる。

> 言わば，$a<0$ のときの，予選で勝ち進んだ「最小値たち」です！

次に，y を動かす。$h(y)=(a-b)y+a+1$ とおく。

> y の関数と見ます！　決勝戦の始まりです！　**重要ポイント** 総整理！ を参照！

(a)　$a-b \geqq 0$ のとき，$h(y)$ は単調増加，または一定である。

> $h(y)$ の傾き $a-b \geqq 0$ のとき！

最小　　　　　　　　　　　最小

$y=-1$　　$y=1$　　　　$y=-1$　　$y=1$

> どちらの図でも $h(y)$ の最小値は $h(-1)$ です！

よって，$a<0$，$a-b \geqq 0$ のとき，最小値は
$h(-1)=b+1$ となり，

> $a<0$, $a-b \geqq 0$ のときの，決勝で勝ち進んだ「最小値たちの中で一番の最小値」です！

この最小値が正となればよいので　$h(-1)>0$　　$\therefore$　$b>-1$　……③

(b)　$a-b<0$ のとき，$h(y)$ は単調減少である。

> $h(y)$ の傾き　$a-b<0$ のとき！

最小

$y=-1$　　$y=1$

よって，$a<0$，$a-b<0$ のとき，最小値は
$h(1)=2a-b+1$ となり，

> $a<0$, $a-b<0$ のときの，決勝で勝ち進んだ「最小値たちの中で一番の最小値」です！

この最小値が正となればよいので　$h(1)>0$　　$\therefore$　$b<2a+1$　……④

①～④より，

$a \geqq 0$，$a+b \geqq 0$ のとき　$b < -2a+1$

$a \geqq 0$，$a+b < 0$ のとき　$b > -1$

$a < 0$，$a-b \geqq 0$ のとき　$b > -1$

$a < 0$，$a-b < 0$ のとき　$b < 2a+1$

よって，求める点 (a, b) の範囲は図の斜線部分である。

ただし，**境界線を含まない**。

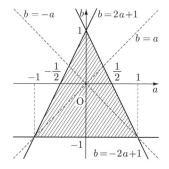

重要ポイント 総整理！

2変数関数の問題には，大きく分類すると，2変数 x, y が独立にそれぞれ無関係に動く場合と，x, y が従属に影響して動く場合の2タイプあります。独立2変数関数なのか，それとも従属2変数関数なのかを一瞬で見分ける方法があるので，ここで紹介します。

問題文に「等式の条件（$x+y=2$ など）」がある場合は，片方の x が決まれば，それに対応してもう一方の y も決まるので，従属2変数関数になります。逆に，「等式の条件（$x+y=2$ など）」がない場合は，2変数 x, y が独立にそれぞれ無関係に動くので，独立2変数関数であると判断できます。

独立2変数関数のアプローチ

独立2変数関数の問題のアプローチ方法は，一方の変数を固定（定数扱い）し，もう一方の変数のみを動かし，1変数の問題に帰着させ，その後，固定していた変数を動かして考えます。2変数を同時に動かさないのがポイントです。例えば，教室に座っている42人（7人×6列）の中で，靴のサイズが一番小さい人を探すには，各列ごとにその列で一番靴のサイズが小さい人を選び（予選を行い），その後，各列での選ばれた人の中から，靴のサイズが一番小さい人を探せば（決勝を行えば），教室の中で靴のサイズが一番小さい人を探すことができます。下の例は，このことを，関数でやっているにすぎないのです。

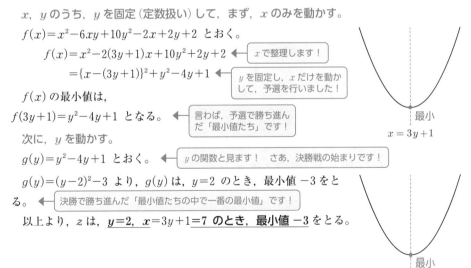

実数 x, y の関数 $z=x^2-6xy+10y^2-2x+2y+2$ の最小値を求めよ。また，このときの x, y の値を求めよ。

x, y のうち，y を固定（定数扱い）して，まず，x のみを動かす。

$f(x)=x^2-6xy+10y^2-2x+2y+2$ とおく。

$f(x)=x^2-2(3y+1)x+10y^2+2y+2$ ← x で整理します！

$\quad=\{x-(3y+1)\}^2+y^2-4y+1$ ← y を固定し，x だけを動かして，予選を行いました！

$f(x)$ の最小値は，

$f(3y+1)=y^2-4y+1$ となる。 ← 言わば，予選で勝ち進んだ「最小値たち」です！

次に，y を動かす。

$g(y)=y^2-4y+1$ とおく。 ← y の関数と見ます！ さあ，決勝戦の始まりです！

$g(y)=(y-2)^2-3$ より，$g(y)$ は，$y=2$ のとき，最小値 -3 をとる。 ← 決勝で勝ち進んだ「最小値たちの中で一番の最小値」です！

以上より，z は，<u>$y=2$，$x=3y+1=7$ のとき，最小値 -3</u> をとる。

8

このアプローチ方法を,「**予選決勝法 (二段階選抜法)**」といいます。前のページの例題は変数 x, y ともに 2 次式で, どちらを固定しても計算量は変わりませんが, 一般的に, **次数が高い方や多く登場する方を固定すると計算が楽になります**ので, この点も押さえておきましょう!

従属 2 変数関数のアプローチ

従属 2 変数関数の問題のアプローチ方法は, (A), (B) の 2 つあります。

> (A)　**等式の条件を用いて, 1 変数消去を行い, 1 変数関数にします。**

ここで, 注意しなければいけないことは, **消去する文字のとりうる値の範囲から, 残りの文字のとりうる値の範囲に制限がつく場合がある**ことです!

実数 x, y が $x^2+2y^2=1$ を満たすとき, $z=x+4y^2$ の最大値と最小値を求めよ。

$x^2+2y^2=1$ より　$2y^2=1-x^2$　……①

> 消去する文字のとりうる値の範囲から, 残りの文字のとりうる値の範囲に制限がつきます!

$y^2\geqq0$ に注意すると　$1-x^2\geqq0$　∴　$-1\leqq x\leqq1$

このとき　$z=x+4y^2$

> 等式の条件を用いて, 変数 y を消去します!

$\quad=x+2(1-x^2)$ $(\because$　①$)$

$\quad=-2x^2+x+2$

$\quad=-2\left(x-\dfrac{1}{4}\right)^2+\dfrac{17}{8}$ $(-1\leqq x\leqq1)$

よって, ①より, $x+4y^2$ は

$\quad x=\dfrac{1}{4}$, $y=\pm\dfrac{\sqrt{30}}{8}$ のとき, **最大値 $\dfrac{17}{8}$**,

$\quad x=-1$, $y=0$ のとき, **最小値 -1** をとる。

方法(A)が困難な場合は(B)を考えます。

> (B)　**等式の条件を用いて, すぐに 1 変数消去することが困難な場合は, 求めたい値域を $=k$　……① とおき, k という値がとれるかを考えます。**

すなわち, **等式と①を同時に満たす実数 (x, y) が存在する**という条件に帰着させます。つまり, **等式と①の式で 1 変数消去を行い, この方程式を満たす実数 x (あるいは, y) が存在するような k のとりうる値の範囲**を求めればよいのです!

実数 x, y が $x^2+(y-1)^2=5$ を満たすとき，$2x-y$ がとりうる値の範囲を求めよ。

$2x-y=k$ とおくと　$y=2x-k$　……①

①を $x^2+(y-1)^2=5$ に代入して

$\quad x^2+(2x-k-1)^2=5$

$\quad 5x^2-4(k+1)x+k^2+2k-4=0$　……②

x は実数として存在するので，②の判別式 D

について　$\dfrac{D}{4}\geqq 0$

$\quad 4(k+1)^2-5(k^2+2k-4)\geqq 0$

$\quad k^2+2k-24\leqq 0$

$\quad (k+6)(k-4)\leqq 0$

$\quad \therefore \quad -6\leqq k\leqq 4$

このとき，①より y も実数として存在する。

よって　$-6\leqq 2x-y\leqq 4$

〈$2x-y=0$ となるか？　について〉

$y=2x$　……①

①を $x^2+(y-1)^2=5$ に代入して

$x^2+(2x-1)^2=5$

$5x^2-4x-4=0$　……②

②を解くと　$x=\dfrac{2\pm 2\sqrt{6}}{5}$

このとき，x は実数として存在し，①より y も実数として存在するので，$2x-y$ は，0 という値をとることができます！

〈$2x-y=k$ となれるか？　について〉

$y=2x-k$　……③

③を $x^2+(y-1)^2=5$ に代入して

$5x^2-4(k+1)x+k^2+2k-4=0$　……④

④を満たす実数 x が存在すれば，③より y も実数として存在するので，$2x-y$ は，k という値をとることができます！

テーマ **2** | 2変数関数の最大・最小！ 線形計画法の応用！

これだけは！ 2

解答 放物線 $y=x^2$ と $y=-2x^2+3ax+6a^2$の交点を A，B とおく。A，B の x 座標は，この2式を連立して $x^2=-2x^2+3ax+6a^2$

$$x^2-ax-2a^2=0$$
$$(x+a)(x-2a)=0 \quad \therefore \quad x=-a, \ 2a$$

これより A$(-a, \ a^2)$，B$(2a, \ 4a^2)$

よって，領域 D は図の斜線部分である。

ただし，境界線を含む。

$x+y=k$ とおくと $y=-x+k$ ……①

これは傾きが -1，y 切片が k の直線を表す。

直線①が領域 D と共有点をもつときの y 切片 k の最大値を求める。

まず，放物線 $y=-2x^2+3ax+6a^2$ と直線 $x+y=k$ が接するときの k の条件を求める。

この2式を連立して $2x^2-(3a+1)x+k-6a^2=0$

この方程式が重解をもつので，この判別式 D_1 について $D_1=0$

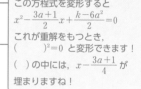

この方程式を変形すると
$$x^2-\frac{3a+1}{2}x+\frac{k-6a^2}{2}=0$$
これが重解をもつとき，
$(\quad)^2=0$ と変形できます！
$(\quad)$ の中には，$x-\frac{3a+1}{4}$ が埋まりますね！

$$(3a+1)^2-4\cdot2(k-6a^2)=0$$

$$\therefore \quad k=\frac{57}{8}a^2+\frac{3}{4}a+\frac{1}{8}$$

このとき，**接点を C とおくと，C の x 座標は**

$$x=-\frac{-(3a+1)}{2\cdot2}=\frac{3a+1}{4}$$

(i) $-a<\dfrac{3a+1}{4}\leqq2a$

接点の x 座標が $-a$ から $2a$ に入る場合！
接点が領域 D 内にあるので，直線①が接点 C を通るとき，k は最大！

すなわち $a\geqq\dfrac{1}{5}$ のとき

直線①が接点 C を通るとき，k の最大値は

$$k=\frac{57}{8}a^2+\frac{3}{4}a+\frac{1}{8}$$

重要ポイント 総整理！ を参照！

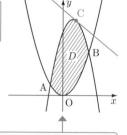

直線 $x+y=k$ と領域 D とで共有点をもてば，$x+y$ は k という値をとることができます！ パラメーター a によって，領域 D が変化しますから，今回の問題では，接点の x 座標が $-a$ から $2a$ に入るかどうかで場合分けすることになります！

(ii)　$2a < \dfrac{3a+1}{4}$

接点の x 座標が $-a$ から $2a$ に入らない場合！　領域 D 内で，放物線 $y=-2x^2+3ax+6a^2$ と直線①は接することはないので，直線①が点 B $(2a,\ 4a^2)$ を通るとき，k は最大！

すなわち　$0 < a < \dfrac{1}{5}$　のとき

直線①が点 B$(2a,\ 4a^2)$ を

通るとき，k の最大値は　　$k = 4a^2 + 2a$

次に，直線①が領域 D と共有点をもつときの y 切片 k の最小値を

求める。

放物線 $y=x^2$ と直線 $x+y=k$ が接するときの k の条件を求める。

この 2 式を連立して　$x^2 + x - k = 0$

この方程式が重解をもつので，この判別式 D_2 について　　$D_2 = 0$

$$1 + 4k = 0 \qquad \therefore \quad k = -\dfrac{1}{4}$$

$x^2 + x - k = 0$ が重解をもつとき，$\left(x + \dfrac{1}{2}\right)^2 = 0$ と変形できますから，重解は $x = -\dfrac{1}{2}$ です！

このとき，接点を E とおくと，E の x 座標は　　$x = -\dfrac{1}{2 \cdot 1} = -\dfrac{1}{2}$

(iii)　$-a \leqq -\dfrac{1}{2} < 2a$

接点の x 座標が $-a$ から $2a$ に入る場合！　接点が領域 D 内にあるので，直線①が接点を通るとき，k は最小！

すなわち　$a \geqq \dfrac{1}{2}$　のとき

直線①が接点 E を通るとき，k の最小値は　　$k = -\dfrac{1}{4}$

(iv)　$-\dfrac{1}{2} < -a$

接点の x 座標が $-a$ から $2a$ に入らない場合！

すなわち　$0 < a < \dfrac{1}{2}$　のとき

接点の x 座標が $-a$ から $2a$ に入るかどうかで場合分け！

直線①が点 A$(-a,\ a^2)$ を通るとき，k の最小値は　　$k = a^2 - a$

したがって，

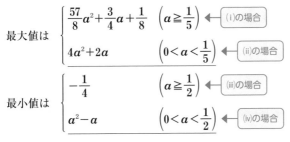

最大値は　$\begin{cases} \dfrac{57}{8}a^2 + \dfrac{3}{4}a + \dfrac{1}{8} & \left(a \geqq \dfrac{1}{5}\right) \quad \text{(i)の場合} \\ 4a^2 + 2a & \left(0 < a < \dfrac{1}{5}\right) \quad \text{(ii)の場合} \end{cases}$

最小値は　$\begin{cases} -\dfrac{1}{4} & \left(a \geqq \dfrac{1}{2}\right) \quad \text{(iii)の場合} \\ a^2 - a & \left(0 < a < \dfrac{1}{2}\right) \quad \text{(iv)の場合} \end{cases}$

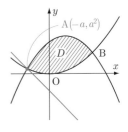

重要ポイント **総整理！**

パラメーターによって領域が変化する線形計画法

ここでは，パラメーターによって領域が変化する線形計画法の応用についてのみ扱います。

パラメーターによって領域が変化する問題では，まず，**領域が変化していく状況をつかんで，起こりうることをすべて把握する**ことが重要です。今回の問題では，**領域と直線が領域内で接する場合と接しない場合が起こりうる**ことをつかむことが重要です。ですので，接点に着目して，接点が領域内にある場合と領域内にない場合で場合分けを行っています。

この問題では，パラメーターが入っている領域の境界線の特徴をつかむことはできませんが，このタイプの問題は，**領域の境界線の特徴をつかむことができる**場合があります。

例えば，次の問題では，パラメーターが入っている境界線において，必ず通る定点を見切ることができます。

---

a, b を $2b<3a<6b$ を満たす正の定数とする。

(1) 次の連立不等式の表す領域を図示せよ。

$$\begin{cases} x+3y\leqq12 \\ 3x+y\leqq12 \\ a(x-3)+b(y-2)\leqq0 \\ x\geqq0 \\ y\geqq0 \end{cases}$$

(2) 実数 x, y が(1)の連立不等式を満たすとき，$x+y$ の最大値を a, b を用いて表せ。

（北海道大）

---

(1) 領域の境界線である直線 $a(x-3)+b(y-2)=0$ ……①

について，$b>0$ より $y=-\dfrac{a}{b}(x-3)+2$

> ちょっと！ **一言** 参照！
> 点 $(3, 2)$ を通る
> 直線群です！

これは，**傾き $-\dfrac{a}{b}$ で，定点 $(3, 2)$ を通る直線**を表す。

ここで，**傾き $-\dfrac{a}{b}$ は，$2b<3a<6b$ であるので**

$$-2<-\frac{a}{b}<-\frac{2}{3} \quad \longleftarrow \text{各辺を } -3b\,(<0) \text{ でわると}$$

に注意すると，求める領域は図の斜線部分である。

> ①の a, b の値によって領域は変化します！

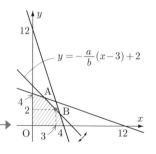

ただし，$A\left(\dfrac{9a-6b}{3a-b},\ \dfrac{9a-2b}{3a-b}\right)$，$B\left(\dfrac{3a-10b}{a-3b},\ \dfrac{3a-6b}{a-3b}\right)$で，**境界線を含む**。

(2) $x+y=k$ とおくと $y=-x+k$ ……②

これは傾きが -1，y 切片 k の直線を表す。直線②が(1)の領域と共有点をもつときの y 切片 k の最大値を求めればよい。

(i) $-2<-\dfrac{a}{b}<-1$ 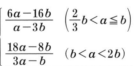 傾き $-\dfrac{a}{b}$ が -1 より小さいとき！

すなわち $b<a<2b$ のとき

②が点Aを通るとき，k は最大となり，k の最大値は

$$\dfrac{9a-6b}{3a-b}+\dfrac{9a-2b}{3a-b}=\dfrac{18a-8b}{3a-b}$$

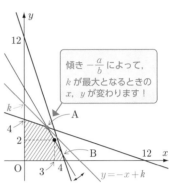

(ii) $-1\leqq-\dfrac{a}{b}<-\dfrac{2}{3}$ 傾き $-\dfrac{a}{b}$ が -1 以上のとき！

すなわち $\dfrac{2}{3}b<a\leqq b$ のとき

②が点Bを通るとき，k は最大となり，k の最大値は

$$\dfrac{3a-10b}{a-3b}+\dfrac{3a-6b}{a-3b}=\dfrac{6a-16b}{a-3b}$$

したがって，最大値は $\begin{cases}\dfrac{6a-16b}{a-3b} & \left(\dfrac{2}{3}b<a\leqq b\right)\\[2mm]\dfrac{18a-8b}{3a-b} & (b<a<2b)\end{cases}$

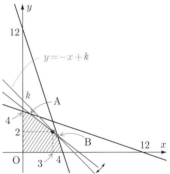

╲ちょっと／ 一言

2つの曲線(直線を含む) $f(x,\ y)=0$，$g(x,\ y)=0$ に対して，曲線

$af(x,\ y)+bg(x,\ y)=0$ $(a,\ b)\neq(0,\ 0)$ は，2つの曲線のすべての交点を通る曲線を表しています。

証明 $f(x,\ y)=0$ と $g(x,\ y)=0$ の交点を $(x_i,\ y_i)$ $(i=1,\ 2,\ \cdots,\ n)$ とおく。

この交点は曲線 $f(x,\ y)=0$，$g(x,\ y)=0$ 上にあるので，$f(x_i,\ y_i)=0$，$g(x_i,\ y_i)=0$

このとき

$$af(x_i,\ y_i)+bg(x_i,\ y_i)=a\cdot0+b\cdot0=0$$

この式は曲線 $af(x,\ y)+bg(x,\ y)=0$ が交点 $(x_i,\ y_i)$ を通ることを意味している。

よって，**曲線** $af(x,\ y)+bg(x,\ y)=0$ **は，2つの曲線のすべての交点を通る曲線を表す。** □

テーマ **3** ｜ 「すべて」と「ある」の不等式！

これだけは！ 3

解答 $f(x)=ax$

$g(x)=x^2-4x+9$

$\qquad =(x-2)^2+5$

直線 $y=ax$ が点 $(1,\ 6)$ を通るとき　$a=6$

直線 $y=ax$ が点 $(4,\ 9)$ を通るとき　$a=\dfrac{9}{4}$

直線 $y=ax$ が放物線 $y=x^2-4x+9$ に接するとき，この

2式を連立して

$\qquad x^2-4x+9=ax$

$\qquad x^2-(a+4)x+9=0$

この方程式が重解をもつので，この方程式の判別式Dについて　$D=0$

$\qquad (a+4)^2-4\cdot1\cdot9=0$

$\qquad a^2+8a-20=0$

$\qquad (a+10)(a-2)=0$

図より　$a=2\ (>0)$ ◀── 図より直線の傾きaが正です！

このとき，**接点の x 座標は，$x=3$ となり，$1\leqq x\leqq4$ の範囲で接す**

る。

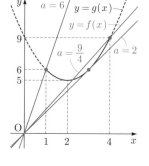

(1)　$1\leqq x\leqq4$ のすべての x に対して，$f(x)\geqq g(x)$ が成り立つような

a の範囲は，図より

$\qquad a\geqq\underline{\mathbf{6}}$ ◀── $1\leqq x\leqq4$ の範囲で $y=f(x)$ のグラフが
$y=g(x)$ のグラフの上側になればよいわけです！

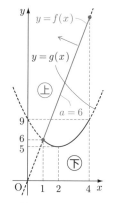

(2)　$1\leqq x\leqq4$ のある x に対して，$f(x)\geqq g(x)$ を満たすものがあるよ

うな a の範囲は，図より　$a\geqq\underline{\mathbf{2}}$

$1\leqq x\leqq4$ の範囲で $y=f(x)$ のグラフ
が $y=g(x)$ のグラフと接するか上側
になる部分が存在すればよいです！
一部分でもよいわけです！

別解　命題P：「$1\leqq x\leqq4$ のあ

る x に対して，$f(x)\geqq g(x)$」

Pの否定命題 $\overline{P}$：「$1\leqq x\leqq4$ のすべてのxに対して，

$f(x)<g(x)$ が成り立つ」 ◀──

「ある」が考えにくいと
思った人は，否定命題を
考えると良いでしょう！
重要ポイント 総整理！
を参照！

$\overline{P}$ が成り立つための条件は，図より　$a<2$

P が成り立つための条件は　$a\geqq\underline{\mathbf{2}}$ ◀──

すなわち $\overline{P}$ が成り立たない条件です！

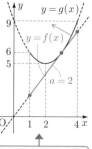

$y=f(x)$ のグラフが，
$y=g(x)$ のグラフと
接するか少しでも上と
なる部分があればよい
です！

(3) $1 \leqq x \leqq 4$ のすべての x_1 とすべての x_2 に対して，$f(x_1) \geqq g(x_2)$ が成り立つための条件は，$1 \leqq x \leqq 4$ において

($f(x)$ の最小値)$\geqq$($g(x)$ の最大値) が成り立つことである。◀──

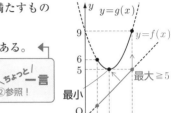

　図より

　　$1 \leqq x \leqq 4$ における $f(x)$ の最小値　$f(1) = a$

　　$1 \leqq x \leqq 4$ における $g(x)$ の最大値　$g(4) = 9$

　　よって，求める a の範囲は　$a \geqq \underline{9}$

（\ちょっと/ 一言 ①参照！）

(4) $1 \leqq x \leqq 4$ のある x_1 とある x_2 で，$f(x_1) \geqq g(x_2)$ を満たすものがあるための条件は，$1 \leqq x \leqq 4$ において

($f(x)$ の最大値)$\geqq$($g(x)$ の最小値) が成り立つことである。◀──

　図より

　　$1 \leqq x \leqq 4$ における $f(x)$ の最大値　$f(4) = 4a$

　　$1 \leqq x \leqq 4$ における $g(x)$ の最小値　$g(2) = 5$

　　よって，求める a の範囲は　$4a \geqq 5$ より　$a \geqq \dfrac{5}{4}$

（\ちょっと/ 一言 ②参照！）

別解　命題 Q：「$1 \leqq x \leqq 4$ のある x_1 とある x_2 で，$f(x_1) \geqq g(x_2)$ が成り立つ」

　　Q の否定命題 $\overline{Q}$：「$1 \leqq x \leqq 4$ のすべての x_1 とすべての x_2 に対して，$f(x_1) < g(x_2)$ が成り立つ」◀── （「ある」が考えにくいと思った人は，否定命題を考えると良いでしょう！）

　　$\overline{Q}$ が成り立つための条件は，$1 \leqq x \leqq 4$ において ($f(x)$ の最大値)$<$($g(x)$ の最小値) が成り立つことである。

　　$4a < 5$ より　$a < \dfrac{5}{4}$

　　Q が成り立つための条件は　$a \geqq \dfrac{5}{4}$ ◀── （すなわち $\overline{Q}$ が成り立たない条件です！）

\ちょっと/ 一言

　① イメージで伝えると，$f(x_1)$ を x_1 の身長，$g(x_2)$ を x_2 の身長とすると，$1 \leqq x_1 \leqq 4$，$1 \leqq x_2 \leqq 4$ において，この範囲の x_1 の各々の身長 $f(x_1)$ がこの範囲の x_2 の各々の身長 $g(x_2)$ 以上であることになります！　もっと具体的に言うと，f 組の全員の身長が g 組の全員の身長以上になるためには，f 組の中で最小の身長が，g 組の中で最大の身長以上になればよいのです！

　② イメージで伝えると，$f(x_1)$ を x_1 の身長，$g(x_2)$ を x_2 の身長とすると，$1 \leqq x_1 \leqq 4$，$1 \leqq x_2 \leqq 4$ において，この範囲の x_1 の誰かの身長 $f(x_1)$ がこの範囲の x_2 の誰かの身長 $g(x_2)$ 以上であることになります！　もっと具体的に言うと，f 組の誰かの身長が g 組の誰かの身長以上になるためには，f 組の中で最大の身長が，g 組の中で最小の身長以上になればよいのです！

重要ポイント 総整理！

「すべて」と「ある」の不等式！

2次不等式や3次不等式などの問題は

$$y＝(左辺) のグラフと y＝(右辺) のグラフの上下関係$$

を用いて解きましたね！ 「すべて」と「ある」が絡んだ不等式についても，同様に，グラフの上下関係を用いて考えます！

「すべて」と「ある」が入っている命題では，論理を用いて考えると解きやすくなることがあります。「すべての人がスマホを持っている」の否定は，「ある人はスマホを持っていない」になりますね！ 少し脱線しますが，実生活の中で，子供がお母さんに「僕の友達全員がスマホをもっているんだ。」「だから，僕にも買って！」と言うことがありますね！ それをお母さんが否定するためには，「友達の○○ちゃんは，スマホ持っていないでしょ。」と言えればよいことになります！ 話を戻すと，この「すべて」と「ある」の論理の否定を用いた言い換えは，数学の問題においてかなり使えます！ 特に，考えにくい

「ある」が絡んでいる命題では，否定命題を考えて「すべて」に変換して解く！

その得られた結果をさらに否定して元に戻せばよいのです！ 次の問題を通じて，この論理を用いた方法についてもマスターしていきましょう！

2つの2次関数 $f(x)=x^2+2ax+25$, $g(x)=-x^2+4ax-25$ がある。ただし，a は実数とする。

(1) すべての実数 x に対して，$f(x)>g(x)$ が成り立つような a の値の範囲を求めよ。

(2) すべての実数 x_1, x_2 に対して，$f(x_1)>g(x_2)$ が成り立つような a の値の範囲を求めよ。

(3) ある実数 x に対して，$f(x)\leqq g(x)$ が成り立つような a の値の範囲を求めよ。

(4) ある実数 x_1, x_2 に対して，$f(x_1)\leqq g(x_2)$ が成り立つような a の値の範囲を求めよ。

---

(1) すべての実数 x に対して，$f(x)>g(x)$ が成り立つためには，グラフの凸性より，関数 $y=f(x)$ のグラフと関数 $y=g(x)$ のグラフが共有点を持たなければよい。◀

> $y=f(x)$ のグラフが $y=g(x)$ のグラフの上側になればよいわけです！ 今回はどちらのグラフも凸より，この2つのグラフが共有点をもたなければよいですね！

$$f(x)=g(x)$$
$$x^2+2ax+25=-x^2+4ax-25$$
$$x^2-ax+25=0$$

この方程式の判別式 D について，$D<0$

$$a^2-4\cdot1\cdot25<0$$
$$(a-10)(a+10)<0$$

∴ $\underline{-10<a<10}$

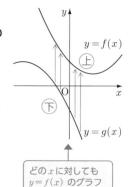

> どの x に対しても $y=f(x)$ のグラフが上になるように！

別解 すべての実数 x に対して，$f(x)>g(x)$ が成り立つ。

$\Longleftrightarrow$ **すべての実数 x に対して，$f(x)-g(x)>0$ が成り立つ。**

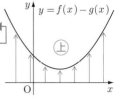

$f(x)-g(x)>0$

$x^2+2ax+25\ (\ -x^2+4ax-25)>0$

$x^2-ax+25>0$ ……①

$y=f(x)-g(x)$ の
グラフが x 軸（$y=0$）
よりも，上側になれ
ばよいです！

すべての実数 x に対して①が成り立つための条件は，$x^2-ax+25=0$ の判別式 D について，$D<0$ となることである。

$a^2-4\cdot1\cdot25<0$　　$(a-10)(a+10)<0$　　$\therefore$　$\underline{-10<a<10}$

(2) **すべての実数 x_1，x_2 に対して，$f(x_1)>g(x_2)$ が成り立つための条件は $(f(x)$ の最小値$)>(g(x)$ の最大値$)$ ……② となることである。**

ちょっと
一言 参照！

$f(x)=(x+a)^2-a^2+25$ より，

$f(x)$ の最小値は　$-a^2+25$

$g(x)=-(x-2a)^2+4a^2-25$ より，$g(x)$ の最大値は　$4a^2-25$

②より　$-a^2+25>4a^2-25$

$a^2-10<0$　　$(a-\sqrt{10})(a+\sqrt{10})<0$

$\therefore$　$\underline{-\sqrt{10}<a<\sqrt{10}}$

別解 すべての実数 x_1，x_2 に対して，$f(x_1)>g(x_2)$ が成り立つ。

$\Longleftrightarrow$ **すべての実数 x_1，x_2 に対して，$f(x_1)-g(x_2)>0$ が成り立つ。**

これが成り立つための条件は

$(f(x_1)-g(x_2)$ の最小値$)>0$ となることである。

テーマ1で扱った独立2変数関数の
最大最小のアプローチで解きます！

$f(x_1)-g(x_2)=x_1{}^2+2ax_1+25-(-x_2{}^2+4ax_2-25)$

　　　　　　　$=(x_1+a)^2-a^2+25-\{-(x_2-2a)^2+4a^2-25\}$

　　　　　　　$=(x_1+a)^2+(x_2-2a)^2-5a^2+50$

よって，$x_1=-a$，$x_2=2a$ のとき，最小値 $-5a^2+50$ をとる。

原則通り x_2 を固定し，
x_1 のみを動かし，その後，
x_2 の固定を解除し，x_2
を動かして考えてもよい
ですよ！　今回は，そこ
までの式ではないので，
（　）^{2} を作っていきます！

$-5a^2+50>0$

$-5(a-\sqrt{10})(a+\sqrt{10})>0$

$\therefore$　$\underline{-\sqrt{10}<a<\sqrt{10}}$

イメージで伝えると，$f(x_1)$ を x_1 の身長とし，$g(x_2)$ を x_2 の身長とすると，x_1 の各々の身長 $f(x_1)$ が x_2 の各々の身長 $g(x_2)$ よりも高いことになります！　もっと具体的に言うと，f 組の全員の身長が g 組の全員の身長よりも高くなるためには，f 組の中で最小の身長が，g 組の中で最大の身長よりも高くなればよいのです！

(3) ある実数 x に対して，$f(x) \leqq g(x)$ が成り立つためには，グラフの凸性より，関数 $y = f(x)$ のグラフと関数 $y = g(x)$ のグラフが共有点を持てばよい。

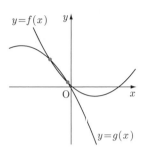

$f(x) = g(x)$

$x^2 + 2ax + 25 = -x^2 + 4ax - 25$

$x^2 - ax + 25 = 0$

この方程式の判別式 D について　$D \geqq 0$

$a^2 - 4 \cdot 1 \cdot 25 \geqq 0$

$(a - 10)(a + 10) \geqq 0$

$\therefore \quad a \leqq -10, \ 10 \leqq a$

> $y = g(x)$ のグラフが $y = f(x)$ のグラフと接するか上側になる部分が存在すればよいです！一部分でもよいわけです！

別解 1　ある実数 x に対して，$f(x) \leqq g(x)$ が成り立つ。

$\iff$ **ある実数 x に対して，$f(x) - g(x) \leqq 0$ が成り立つ。**

$f(x) - g(x) \leqq 0$

$x^2 + 2ax + 25 - (-x^2 + 4ax - 25) \leqq 0$

$x^2 - ax + 25 \leqq 0$　……③

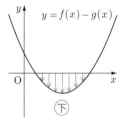

> $y = f(x) - g(x)$ のグラフが，x 軸 $(y = 0)$ と接するか，x 軸よりも下側になる部分があればよいです！一部分でよいのです！

ある実数 x に対して③が成り立つための条件は，$x^2 - ax + 25 = 0$ の判別式 D について，$D \geqq 0$ となることである。

$a^2 - 4 \cdot 1 \cdot 25 \geqq 0$

$(a - 10)(a + 10) \geqq 0$

$\therefore \quad a \leqq -10, \ 10 \leqq a$

別解 2　命題 P：「ある実数 x に対して，$f(x) \leqq g(x)$ が成り立つ」

P の否定命題 $\overline{P}$：「すべての実数 x に対して，$f(x) > g(x)$ が成り立つ」

$\overline{P}$ が成り立つための条件は，(1)より　$-10 < a < 10$

P が成り立つための条件は　$a \leqq -10, \ 10 \leqq a$

> 「ある」が考えにくいと思った人は，否定命題を考えると良いでしょう！

> すなわち $\overline{P}$ が成り立たない条件です！

(4)　**ある実数 x_1，x_2 に対して，$f(x_1) \leqq g(x_2)$ が成り立つための条件は $(f(x)$ の最小値$) \leqq (g(x)$ の最大値$)$　……④** となることである。

> ＼ちょっと！／ 一言 参照！

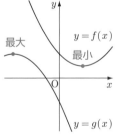

④と(2)より　$-a^2 + 25 \leqq 4a^2 - 25$

$a^2 - 10 \geqq 0$

$(a - \sqrt{10})(a + \sqrt{10}) \geqq 0$

$\therefore \quad a \leqq -\sqrt{10}, \ \sqrt{10} \leqq a$

別解　命題 Q：「ある実数 x_1，x_2 に対して，$f(x_1) \leqq g(x_2)$ が成り立つ」

Q の否定命題 $\overline{Q}$：「すべての実数 x_1，x_2 に対して，$f(x_1) > g(x_2)$ が成り立つ」

$\overline{Q}$ が成り立つための条件は，(2)より　$-\sqrt{10} < a < \sqrt{10}$

Q が成り立つための条件は　$a \leqq -\sqrt{10}$，$\sqrt{10} \leqq a$

「ある」が考えにくいと思った人は，否定命題を考えると良いでしょう！

すなわち $\overline{Q}$ が成り立たない条件です！

　イメージで伝えると，$f(x_1)$ を x_1 の身長とし，$g(x_2)$ を x_2 の身長とすると，x_2 の誰かの身長 $g(x_2)$ が x_1 の誰かの身長 $f(x_1)$ 以上であることになります！　もっと具体的に言うと，g 組の誰かの身長が f 組の誰かの身長以上になるためには，g 組の中で最大の身長が，f 組の中で最小の身長以上になればよいのです！

テーマ **4** | **3次関数の対称性！**

これだけは！ **4**

解答 $f(-x)=-x^3+3ax=-f(x)$

$|f(-x)|=|f(x)|$ が成り立つから，$y=|f(x)|$ は**偶関数**となり，関数 $y=|f(x)|$ のグラフは，**y 軸に関して対称**となる。◀

> 一般に，任意の x について $g(x)=g(-x)$ が成り立つとき，
>
>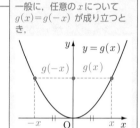
>
> $y=g(x)$ のグラフは y 軸に関して対称となります！

グラフの対称性から，$0≦x≦1$ において最大値 M を考えれば十分である。◀

> 対称性を用いることで考える範囲を絞れれば，答案量を少なくすることができます！

(i) $a≦0$ のとき

$f'(x)=3x^2-3a=3(x^2-a)≧0$ より，$f(x)$ の増減表は

x	0	$\cdots$	1
$f'(x)$		+	
$f(x)$	0	↗	$1-3a$

∴ $M=|f(1)|=f(1)=1-3a$

(ii) $a>0$ のとき

$f'(x)=3(x^2-a)=3(x-\sqrt{a})(x+\sqrt{a})$

$f(x)$の増減表は

x	$\cdots$	$-\sqrt{a}$	$\cdots$	$\sqrt{a}$	$\cdots$
$f'(x)$	+	0	−	0	+
$f(x)$	↗	極大	↘	極小	↗

となり，$y=|f(x)|$のグラフは図のようになる。

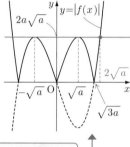

$|f(\sqrt{a})|=2a\sqrt{a}$ より

$f(x)=2a\sqrt{a}$ を解くと

$x^3-3ax=2a\sqrt{a}$

$(x+\sqrt{a})^2(x-2\sqrt{a})=0$

∴ $x=-\sqrt{a}$，$2\sqrt{a}$ ◀

> ここの x 座標を式で求めておきます！ 長方形8枚がイメージできれば，$x=2\sqrt{a}$ とすぐに検算できますね！ 詳しくは，**重要ポイント 総整理！**で！

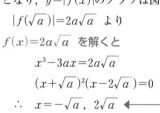

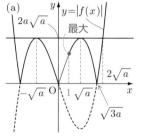

(a) $1<\sqrt{a}$

すなわち $1<a$ のとき ◀

$M=|f(1)|=3a-1$

(b) $\sqrt{a}≦1<2\sqrt{a}$

すなわち $\dfrac{1}{4}<a≦1$ のとき

$M=|f(\sqrt{a})|=2a\sqrt{a}$

> $x=1$ の場所によって最大をとる x が変わります！ 場合分けして考えていきます！

(c) $0 < 2\sqrt{a} \leq 1$

すなわち $0 < a \leq \dfrac{1}{4}$ のとき

$$M = |f(1)| = 1 - 3a$$

以上より　最大値 $M = \begin{cases} 1-3a & \left(a \leq \dfrac{1}{4}\right) \\[2mm] 2a\sqrt{a} & \left(\dfrac{1}{4} < a \leq 1\right) \\[2mm] 3a-1 & (1 < a) \end{cases}$

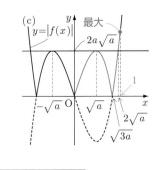

よって，最大値 M は $a \leq \dfrac{1}{4}$ において減少し，$a \geq \dfrac{1}{4}$ において増加する。

したがって，最大値 M は，$\underline{a = \dfrac{1}{4} \textbf{ のとき最小値 } \dfrac{1}{4}}$ をとる。

> このグラフをかければ，どこで最小となるかが分かりますが，数学 I・A・II・B の範囲では $y = 2a\sqrt{a}$（$= 2a^{\frac{3}{2}}$）のグラフはかけません！　ですが，$y = 2a\sqrt{a}$ $\left(\dfrac{1}{4} < a \leq 1\right)$ は増加していきますから，グラフの形が予想できますね！

3次関数の対称性

極値を持つ3次関数のグラフの性質について，図のような関係がいえます！

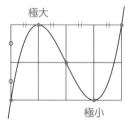

極大

極小

極値を持つ3次関数のグラフは，**点対称なグラフであり，合同な長方形8枚でピッタリは**
まります！

　この性質を使うと，極値と同じ y 座標になる x の値を図形的に求めることができます。検
算として，確認で使いましょう！

> 　方程式 $2x^3+3x^2-12x-k=0$ は，異なる3つの実数解 α, β, γ をもつとする。
> $\alpha<\beta<\gamma$ とするとき，次の問いに答えよ。
> (1)　定数 k の値の範囲を求めよ。
> (2)　$-2<\beta<-\dfrac{1}{2}$ となるとき，α, γ の値の範囲を求めよ。　　　　　（高知大）

(1)　　　　　$2x^3+3x^2-12x-k=0$
　　　　　　$2x^3+3x^2-12x=k$ ← 文字定数 k を分離します！

　$f(x)=2x^3+3x^2-12x$ とおく。

　方程式 $f(x)=k$ が異なる3つの実数解 α, β, γ をもつのは**関**
数 $y=f(x)$ のグラフと直線 $y=k$ との共有点の個数が3個と
なるときである。

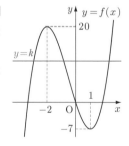

　$f'(x)=6x^2+6x-12=6(x+2)(x-1)$ より，$f(x)$ の増減表は

x	$\cdots$	-2	$\cdots$	1	$\cdots$
$f'(x)$	$+$	0	$-$	0	$+$
$f(x)$	$\nearrow$	20	$\searrow$	-7	$\nearrow$

となり，関数 $y=f(x)$ のグラフは図のようになる。

　よって　$-7<k<20$

(2) $\quad f\left(-\dfrac{1}{2}\right)=\dfrac{13}{2}$

$\alpha<\beta<\gamma,\ -2<\beta<-\dfrac{1}{2}$ となる k の値の範囲は, グ

ラフより, $\dfrac{13}{2}<k<20$

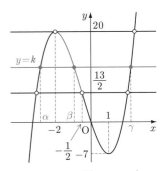

　このとき, α, γ の値の範囲は, 図の a, b, c を用いて
表すと

$\quad a<\alpha<-2,\quad b<\gamma<c$

この a, b, c の値を求めればよい。

$\quad f(x)=20$ を解くと $\quad 2x^3+3x^2-12x-20=0$

$\qquad (x+2)^2(2x-5)=0$

$\qquad x=-2,\ \dfrac{5}{2}$

$\therefore\quad c=\dfrac{5}{2}$

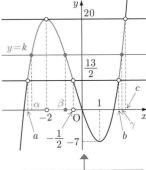

c は長方形 8 枚がイメージで
きればすぐに答えが $\dfrac{5}{2}$ と見
えます！

$\quad f(x)=\dfrac{13}{2}$ を解くと

$\quad 2x^3+3x^2-12x-\dfrac{13}{2}=0$

$\quad \left(x+\dfrac{1}{2}\right)(2x^2+2x-13)=0$

$\quad x=-\dfrac{1}{2},\ \dfrac{-1\pm3\sqrt{3}}{2}$

$\therefore\quad a=\dfrac{-1-3\sqrt{3}}{2},\ b=\dfrac{-1+3\sqrt{3}}{2}$

この方程式の一つの解が $x=-\dfrac{1}{2}$ であるから, $x+\dfrac{1}{2}$ を
因数にもちますね！ $\left(x+\dfrac{1}{2}\right)(2x^2+\boxed{}x-13)=0$ の
形に因数分解できます！ これを展開したとき, x の係数が
-12 になるためには, $\boxed{}$ に 2 が埋まりますね！

よって

$\quad \dfrac{-1-3\sqrt{3}}{2}<\alpha<-2,\ \dfrac{-1+3\sqrt{3}}{2}<\gamma<\dfrac{5}{2}$

テーマ 5 │ 円と放物線が接する面積問題！

これだけは！ 5

解答 (1) $S(p, 0)$, $T(p, 1)$ とすると，$\triangle PQT$ において，

$PQ=1$, $\angle PQT=30°$ より

> 30°，60°，90° の直角三角形を見つけることで，長さが求まりますね！
> **重要ポイント** 総整理！ を参照！

$$PT=\frac{1}{2},\quad TQ=\frac{\sqrt{3}}{2}$$

よって $SQ=PT+TS=\frac{1}{2}+1=\frac{3}{2}$

$\therefore\quad ap^2=\frac{3}{2}$ ……①

四角形 PURQ において $\angle PUS=60°$

円上の点Pにおける接線の傾きは $\tan 60°=\sqrt{3}$

$y=ax^2$ より，$y'=2ax$ であるから，**放物線上の点Pにおける接線の傾きは $2ap$**

よって $2ap=\sqrt{3}$

> 2曲線が $x=p$ で接するとき，
> ① その点における接線の傾きが等しい
> ② その点における y 座標が等しい
> の性質を使います！

$\therefore\quad ap=\frac{\sqrt{3}}{2}$ ……②

②を①に代入して $\frac{\sqrt{3}}{2}p=\frac{3}{2}$

$\therefore\quad p=\sqrt{3}$

②より $\underline{a=\frac{1}{2}}$

$\underline{b}=OS+SR=OS+TQ=\sqrt{3}+\frac{\sqrt{3}}{2}=\underline{\frac{3\sqrt{3}}{2}}$

(2) 求める面積は

$$\int_0^{\sqrt{3}}\frac{1}{2}x^2\,dx+\underbrace{\frac{1}{2}\left(1+\frac{3}{2}\right)\cdot\frac{\sqrt{3}}{2}}_{(\text{台形 PQRS の面積})}-\underbrace{\pi\cdot 1^2\cdot\frac{120}{360}}_{(\text{扇形 QPR の面積})}$$

> 面積のパズル問題です！
> 求めたい面積を，図形の足し算，引き算で表します！

$$=\left[\frac{1}{6}x^3\right]_0^{\sqrt{3}}+\frac{5\sqrt{3}}{8}-\frac{\pi}{3}$$

$$=\underline{\frac{9\sqrt{3}}{8}-\frac{\pi}{3}}$$

円の接線は，その接点を通る半径に垂直です！

円 接線

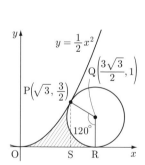

重要ポイント 総整理!

円と放物線が接する面積問題

円と放物線が接する面積問題は，次の図の
2タイプあります！

どちらの図の斜線部分の面積も，扇形の面
積を経由して求めます！ 扇形の中心角は，
「$30°$，$60°$，$90°$」や「$45°$，$45°$，$90°$」の直角
三角形を見つけることで求まります！

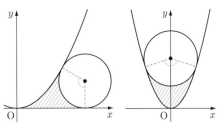

その後は**面積のパズル問題**になります。下の誘導がある問題で流れを見ていきましょう！

> xy 平面上に放物線 $y=x^2$ と点 B$(0,\ b)$ を考える。ただし，$b>0$ とする。
>
> (1) 点 X$(t,\ t^2)$ が，この放物線上を動くとき，線分 BX の長さの最小値を求めよ。
>
> (2) (1)で求めた最小値が1となるように b をとる。このとき，点 B$(0,\ b)$ を中心とする半径1の円と放物線 $y=x^2$ とは相異なる2点 P，Q でそれぞれ共通の接線をもつことを示し，角 PBQ の大きさ（ただし，$0°<\angle\text{PBQ}<180°$ とする）を求めよ。更に，角 PBQ に対応する円弧 PQ と放物線で囲まれた図形の面積を求めよ。
>
> (京都大)

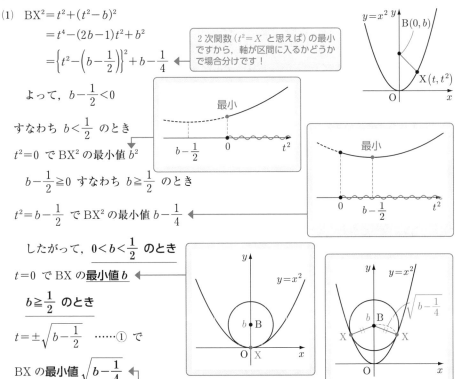

(1) $\text{BX}^2=t^2+(t^2-b)^2$

$\qquad =t^4-(2b-1)t^2+b^2$

$\qquad =\left\{t^2-\left(b-\dfrac{1}{2}\right)\right\}^2+b-\dfrac{1}{4}$

> 2次関数（$t^2=X$ と思えば）の最小
> ですから，軸が区間に入るかどうか
> で場合分けです！

よって，$b-\dfrac{1}{2}<0$

すなわち $b<\dfrac{1}{2}$ のとき

$t^2=0$ で BX^2 の最小値 b^2

$b-\dfrac{1}{2}\geqq 0$ すなわち $b\geqq\dfrac{1}{2}$ のとき

$t^2=b-\dfrac{1}{2}$ で BX^2 の最小値 $b-\dfrac{1}{4}$

したがって，$0<b<\dfrac{1}{2}$ のとき

$t=0$ で BX の**最小値 b**

$b\geqq\dfrac{1}{2}$ のとき

$t=\pm\sqrt{b-\dfrac{1}{2}}$ ……① で

BX の**最小値 $\sqrt{b-\dfrac{1}{4}}$**

(2) (1)より，BX の最小値が 1 になるのは

$$\sqrt{b-\frac{1}{4}}=1 \quad \left(b\geqq\frac{1}{2}\right)$$

$$\therefore\ b=\frac{5}{4} \quad \therefore\ B\left(0,\ \frac{5}{4}\right)$$

このとき，①より $t=\pm\sqrt{\frac{5}{4}-\frac{1}{2}}=\pm\frac{\sqrt{3}}{2}$

$$\therefore\ P\left(\frac{\sqrt{3}}{2},\ \frac{3}{4}\right),\ Q\left(-\frac{\sqrt{3}}{2},\ \frac{3}{4}\right)$$

ここで，$H\left(0,\ \frac{3}{4}\right)$ とおくと ←

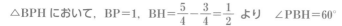

30°，60°，90° の直角三角形を見つけることで ∠PBH が分かります！

$\triangle$BPH において，$BP=1$，$BH=\frac{5}{4}-\frac{3}{4}=\frac{1}{2}$ より $\angle PBH=60°$

$$\therefore\ \underline{\angle PBQ=120°}$$

$y=x^2$ より，$y'=2x$ であるから，**放物線上の点Pにおける接線の傾きは** $2\cdot\frac{\sqrt{3}}{2}=\sqrt{3}$

また，円上の点Pにおける接線の傾きは

$-\dfrac{1}{(\text{BP の傾き})}=-\dfrac{\frac{\sqrt{3}}{2}}{-\frac{1}{2}}=\sqrt{3}$ であるから，

この2つの傾きは $\sqrt{3}$ で一致する。点Qにおいても同様である。よって，**円と放物線は点P，Q で共通接線をもつ。** □ ◀

2曲線が $x=p$ で接するためには
① その点における接線の傾きが等しい
② その点における y 座標が等しい
ことがいえればよいのです！

□は証明終了を意味します！

また，線分 PQ と放物線 $y=x^2$ で囲まれた部分の面積は

$$\int_{-\frac{\sqrt{3}}{2}}^{\frac{\sqrt{3}}{2}}\left(\frac{3}{4}-x^2\right)dx$$

$$=-\int_{-\frac{\sqrt{3}}{2}}^{\frac{\sqrt{3}}{2}}\left(x-\frac{\sqrt{3}}{2}\right)\left(x+\frac{\sqrt{3}}{2}\right)dx \quad ◀$$

6分の1公式
$\int_{\alpha}^{\beta}(x-\alpha)(x-\beta)\,dx=-\frac{1}{6}(\beta-\alpha)^3$
を用います！

$$=\frac{1}{6}\left(\frac{\sqrt{3}}{2}+\frac{\sqrt{3}}{2}\right)^3$$

$$=\frac{\sqrt{3}}{2}$$

よって，求める**面積**は

$$\frac{\sqrt{3}}{2}+\frac{1}{2}\cdot\frac{1}{2}\cdot\sqrt{3}-1^2\cdot\pi\cdot\frac{120}{360}=\frac{3\sqrt{3}}{4}-\frac{\pi}{3}$$

面積のパズル問題です！
求めたい面積を，図形の足し算，引き算で表します！

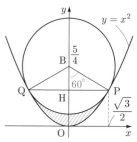

参考

$\int_{\alpha}^{\beta}(x-\alpha)(x-\beta)\,dx=-\dfrac{1}{6}(\beta-\alpha)^3$ の公式や，$\int_{\alpha}^{\beta}(x-\alpha)^2(x-\beta)\,dx=-\dfrac{1}{12}(\beta-\alpha)^4$ の公式は皆さん知っていますか？　特に，前者の積分公式は教科書にも掲載されるようになりましたので，必ず使いこなせるように特訓しておきましょう！　後者の積分公式は，次のように，前者とほとんど同じ流れで証明することができます。

〈$\int_{\alpha}^{\beta}(x-\alpha)(x-\beta)\,dx=-\dfrac{1}{6}(\beta-\alpha)^3$ の公式の証明について〉

証明　$\displaystyle\int_{\alpha}^{\beta}\underline{(x-\alpha)(x-\beta)}\,dx=\int_{\alpha}^{\beta}(x-\alpha)\{(x-\alpha)-(\beta-\alpha)\}\,dx$ ← 波線の変形がポイントです！

$$=\int_{\alpha}^{\beta}\{(x-\alpha)^2-(\beta-\alpha)(x-\alpha)\}\,dx$$

$\displaystyle\int(x-\alpha)^n\,dx=\dfrac{1}{n+1}(x-\alpha)^{n+1}+C$（$C$：積分定数）を用いて展開せずに積分します！

$$=\left[\frac{(x-\alpha)^3}{3}-\frac{\beta-\alpha}{2}(x-\alpha)^2\right]_{\alpha}^{\beta}$$

$$=\frac{(\beta-\alpha)^3}{3}-\frac{(\beta-\alpha)^3}{2}=-\frac{1}{6}(\beta-\alpha)^3$$

〈$\int_{\alpha}^{\beta}(x-\alpha)^2(x-\beta)\,dx=-\dfrac{1}{12}(\beta-\alpha)^4$ の公式の証明について〉

証明　$\displaystyle\int_{\alpha}^{\beta}(x-\alpha)^2\underline{(x-\beta)}\,dx=\int_{\alpha}^{\beta}(x-\alpha)^2\{(x-\alpha)-(\beta-\alpha)\}\,dx$ ← 波線の変形がポイントです！

$$=\int_{\alpha}^{\beta}\{(x-\alpha)^3-(\beta-\alpha)(x-\alpha)^2\}\,dx$$

$\displaystyle\int(x-\alpha)^n\,dx=\dfrac{1}{n+1}(x-\alpha)^{n+1}+C$（$C$：積分定数）を用いて展開せずに積分します！

$$=\left[\frac{(x-\alpha)^4}{4}-\frac{\beta-\alpha}{3}(x-\alpha)^3\right]_{\alpha}^{\beta}$$

$$=\frac{(\beta-\alpha)^4}{4}-\frac{(\beta-\alpha)^4}{3}=-\frac{1}{12}(\beta-\alpha)^4$$

後者の積分公式は，例えば，次の面積を求める際に，ほぼ一瞬で求められます！

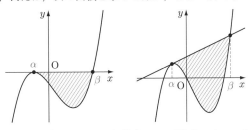

ただ，この公式は証明をせずに，いきなり使うのはご法度です。6分の1公式のように使いたい場合は，答案に上の証明を書いていれば問題ありません！　公式として使わなくても，この公式を知っておくと，検算する際に計算ミスに気づくことができるので，知っておいて損はありませんよ。通常通り $\left[\right]_{\alpha}^{\beta}$ まで記述して，最後だけこっそり公式を使って答えを書いても，本当に地道に計算したかは見分けがつきませんね！

テーマ **6** | 絶対値を含む定積分で表された関数は面積に帰着！

これだけは！ 6

解答 $f(t)=\int_{-1}^{1}|(x-t+2)(x+t)|dx=\int_{-1}^{1}|\{x-(t-2)\}\{x-(-t)\}|dx$

> $-t$ と -1 と $t-2$ の位置関係は決まっています！

ここで，$t\geqq1$ より　$t-2\geqq-1$　$-t\leqq-1$　∴　$-t\leqq-1\leqq t-2$

(i) $t-2\geqq1$ すなわち $t\geqq3$ のとき ◀ $t=1$ の場所で場合分けをしていきます！

$-1\leqq x\leqq1$ において，$\{x-(t-2)\}\{x-(-t)\}\leqq0$ より

> 絶対値を外してから積分！ **重要ポイント 総整理！** を参照！

$f(t)=\int_{-1}^{1}-\{x-(t-2)\}\{x-(-t)\}dx$

$=\int_{-1}^{1}\{-x^2-2x+t(t-2)\}dx$

$=2\int_{0}^{1}\{-x^2+t(t-2)\}dx$ ◀

> 偶関数と奇関数の性質を用いました！
> ＼ちょっと／ **一言** 参照！

$=2\left[-\dfrac{1}{3}x^3+t(t-2)x\right]_{0}^{1}$

$=2t^2-4t-\dfrac{2}{3}$

$=2(t-1)^2-\dfrac{8}{3}$

$y=|(x-t+2)(x+t)|$

(ii) $-1\leqq t-2<1$ すなわち $1\leqq t<3$ のとき

$-1\leqq x\leqq t-2$ において，$\{x-(t-2)\}\{x-(-t)\}\leqq0$,

$t-2\leqq x\leqq1$ において，$\{x-(t-2)\}\{x-(-t)\}\geqq0$ より

$f(t)=\int_{-1}^{t-2}-\{x-(t-2)\}\{x-(-t)\}dx$

$\qquad+\int_{t-2}^{1}\{x-(t-2)\}\{x-(-t)\}dx$ ◀

> 絶対値を外してから積分！

$=\int_{-1}^{t-2}\{-x^2-2x+t(t-2)\}dx$

$\qquad+\int_{t-2}^{1}\{x^2+2x-t(t-2)\}dx$

$=\left[-\dfrac{1}{3}x^3-x^2+t(t-2)x\right]_{-1}^{t-2}+\left[\dfrac{1}{3}x^3+x^2-t(t-2)x\right]_{t-2}^{1}$

$=2\left\{-\dfrac{1}{3}(t-2)^3-(t-2)^2+t(t-2)^2\right\}-\dfrac{1}{3}+1+t(t-2)+\dfrac{1}{3}+1-t(t-2)$

$=\dfrac{4}{3}t^3-6t^2+8t-\dfrac{2}{3}$

$y=|(x-t+2)(x+t)|$

以上より　$f(t)=\begin{cases} 2(t-1)^2-\dfrac{8}{3} & (t\geqq 3) \\[2mm] \dfrac{4}{3}t^3-6t^2+8t-\dfrac{2}{3} & (1\leqq t<3) \end{cases}$

$1\leqq t<3$ のとき，$f'(t)=4t^2-12t+8=4(t-1)(t-2)$ より，$1\leqq t<3$ における $f(t)$ の増
減表は

t	1	$\cdots$	2	$\cdots$	3
$f'(t)$		$-$	0	$+$	
$f(t)$		↘	極小	↗	

となり，$t\geqq 3$ では，$f(t)$ は単調増加だから，$f(t)$ は
$t=2$ のとき最小値 2 をとる。

このグラフをかけばどこで最小になるかが一目瞭然です！

最小

$y=f(t)$

$t=1$　$t=2$　$t=3$

ちょっと一言

〈偶関数・奇関数の性質について〉

偶関数のグラフは，y 軸に関して対称ですから

$$\int_{-a}^{a}x^{2n}dx=2\int_{0}^{a}x^{2n}dx \quad （n \text{ は } 0 \text{ または正の整数，} a>0）$$

奇関数のグラフは，原点に関して対称ですから

$$\int_{-a}^{a}x^{2n+1}dx=0 \quad （n \text{ は } 0 \text{ または正の整数，} a>0）$$

偶関数の例

奇関数の例

（補足）

$$\int_{-a}^{0}(\overset{上}{0}-\overset{下}{x^{2n+1}})dx=\int_{0}^{a}x^{2n+1}dx$$

$$\int_{-a}^{0}x^{2n+1}dx+\int_{0}^{a}x^{2n+1}dx=0 \quad \therefore \quad \int_{-a}^{a}x^{2n+1}dx=0$$

重要ポイント **総整理！**

定積分で表された関数は面積に帰着

定積分 $\int_0^1 f(x,\ t)\,dt$ は，積分変数は何でしょうか？　この場合は，後ろに dt があるので，積分変数は t ですね！　後ろにあるのが dx なのか dt なのか，**必ずどの文字で積分するのかを確認してから積分する**ようにしましょう！　ちなみに，$\int_0^1$ の積分区間は，積分変数 t の変域を表しています。定積分で表された関数 $F(t)=\int_0^1 f(x,\ t)\,dx$ は，後ろに dx があるので

x **について積分し（積分している最中は，t は定数扱い），**

積分した後は，t についての関数

としてみます。積分前と積分後で，変数が入れ替わるので注意してくださいね！

なお，絶対値のついた定積分 $\int_0^1 |f(x,\ t)|\,dx$ は，絶対値をつけたまま積分することはできません！　必ず

絶対値を外してから積分をしましょう！

$\int_0^1 |f(x,\ t)|\,dx$ は，$\int_0^1 \{\overset{上}{|f(x,\ t)|}-\overset{下}{0}\}\,dx$ と見ることができますので

xy 平面において，$y=|f(x,\ t)|$ $(\geqq 0)$ と $y=0$ （x 軸）との間の $0\leqq x\leqq 1$ における面積を表しています！　ですので，$y=|f(x,\ t)|$ のグラフをかくとよいでしょう！

> 関数 $F(t)$ を $F(t)=\int_0^1 |x^2-2tx|\,dx$ によって定義する。
>
> (1) 実数 t で場合分けをして，$F(t)$ を t の式で表せ。
> (2) t が $-1\leqq t\leqq 1$ の範囲を動くときの $F(t)$ の最大値と最小値を求めよ。　（慶應義塾大）

(1) $\quad F(t)=\int_0^1 |x^2-2tx|\,dx=\int_0^1 |x(x-2t)|\,dx$

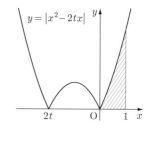

$y=|x^2-2tx|$

(ⅰ) $2t\leqq 0$ すなわち $t\leqq 0$ のとき

$\quad 0\leqq x\leqq 1$ において，$x(x-2t)\geqq 0$ より

$\quad\quad F(t)=\int_0^1 (x^2-2tx)\,dx$ ◀ 絶対値を外してから積分！

$\quad\quad\quad =\left[\dfrac{x^3}{3}-tx^2\right]_0^1$

$\quad\quad\quad =\dfrac{1}{3}-t$

(ⅱ) $0<2t<1$ すなわち $0<t<\dfrac{1}{2}$ のとき

$0 \leqq x \leqq 2t$ において，$x(x-2t) \leqq 0$,

$2t \leqq x \leqq 1$ において，$x(x-2t) \geqq 0$ より

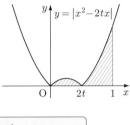

絶対値を外してから積分！

$$F(t) = -\int_0^{2t} (x^2 - 2tx)\,dx + \int_{2t}^1 (x^2 - 2tx)\,dx$$

$$= -\left[\frac{x^3}{3} - tx^2\right]_0^{2t} + \left[\frac{x^3}{3} - tx^2\right]_{2t}^1$$

$$= \left(\frac{1}{3} - t\right) - 2\left(\frac{8}{3}t^3 - 4t^3\right)$$

$$= \frac{8}{3}t^3 - t + \frac{1}{3}$$

$\int_0^{2t} x(x-2t)\,dx$ は $\frac{1}{6}$ 公式でも求まりますね！　そちらでも OK ですよ！

(iii)　$2t \geqq 1$ すなわち $t \geqq \dfrac{1}{2}$ のとき

$0 \leqq x \leqq 1$ において，$x(x-2t) \leqq 0$ より

$$F(t) = -\int_0^1 (x^2 - 2tx)\,dx$$

絶対値を外してから積分！

$$= -\left(\frac{1}{3} - t\right) \quad (\because \text{ (i)})$$

$$= t - \frac{1}{3}$$

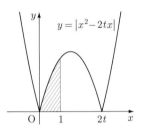

以上より　$F(t) = \begin{cases} \dfrac{1}{3} - t & (t \leqq 0) \\[2mm] \dfrac{8}{3}t^3 - t + \dfrac{1}{3} & \left(0 < t < \dfrac{1}{2}\right) \\[2mm] t - \dfrac{1}{3} & \left(t \geqq \dfrac{1}{2}\right) \end{cases}$

(2)はこのグラフをかけばどこで最大になるか，どこで最小になるかが一目瞭然です！

(2)　$0 < t < \dfrac{1}{2}$ のとき　$F'(t) = 8t^2 - 1$ であるから，$0 < t < \dfrac{1}{2}$ における $F(t)$ の増減表は

t	0	$\cdots$	$\dfrac{1}{2\sqrt{2}}$	$\cdots$	$\dfrac{1}{2}$
$F'(t)$		$-$	0	$+$	
$F(t)$	$\dfrac{1}{3}$	$\searrow$	$\dfrac{2-\sqrt{2}}{6}$	$\nearrow$	$\dfrac{1}{6}$

となり，$F(t) = \dfrac{1}{3} - t$ は $-1 \leqq t \leqq 0$ において減少し，$F(t) = t - \dfrac{1}{3}$ は $\dfrac{1}{2} \leqq t \leqq 1$ におい

て増加する。図より，$F(t)$ は $t = -1$ のとき **最大値 $\dfrac{4}{3}$**

$t - \dfrac{1}{2\sqrt{2}}$ のとき **最小値 $\dfrac{2-\sqrt{2}}{6}$** をとる。

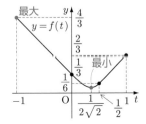

テーマ 7 | 定積分と最大・最小の融合問題！

これだけは！ 7

解答 (1) $f(0)=0$ より $c=0$

このとき，$f(2)=2$ より $4a+2b=2$

∴ $b=-2a+1$

よって，$f(x)=ax^2+(-2a+1)x$ であるから

$f'(x)=2ax-2a+1=2a(x-1)+1$

これより，$y=f'(x)$ のグラフは，**傾き $2a$ で点 $(1,1)$ を通る直線**であるので，点 $(1,1)$ を通ることに注視しながら，傾き $2a$ に着目して場合分けを行う。

(ⅰ) $2a\geqq1$ すなわち $a\geqq\dfrac{1}{2}$ のとき

$S=\displaystyle\int_0^2|f'(x)|dx$

$=\dfrac{1}{2}\Big(1-\dfrac{1}{2a}\Big)(-1+2a)$

$\quad+\dfrac{1}{2}\Big\{2-\Big(1-\dfrac{1}{2a}\Big)\Big\}(1+2a)$ ◀

$=\dfrac{(2a-1)^2}{4a}+\dfrac{(2a+1)^2}{4a}$

$=\dfrac{4a^2+1}{2a}$

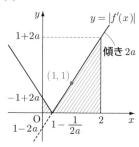

> 1次関数の定積分の計算は，三角形，台形，長方形の面積に帰着させます！
> **重要ポイント 総整理！** を参照！

(ⅱ) $0<2a<1$ すなわち $0<a<\dfrac{1}{2}$ のとき

$S=\displaystyle\int_0^2|f'(x)|dx$

$=\dfrac{1}{2}\{(1-2a)+(1+2a)\}\cdot2$ ◀

$=2$

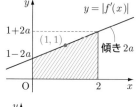

(ⅲ) $2a=0$ すなわち $a=0$ のとき

$S=\displaystyle\int_0^2|f'(x)|dx$

$=1\cdot2$ ◀

$=2$

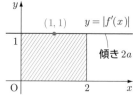

(iv) $-1 < 2a < 0$ すなわち $-\dfrac{1}{2} < a < 0$ のとき

$$S = \int_0^2 |f'(x)| dx$$

$$= \frac{1}{2}\{(1+2a)+(1-2a)\}\cdot 2 \longleftarrow$$

$$= 2$$

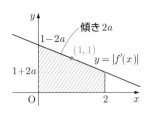

(v) $2a \leqq -1$ すなわち $a \leqq -\dfrac{1}{2}$ のとき

$$S = \int_0^2 |f'(x)| dx$$

$$= \frac{1}{2}\left(1-\frac{1}{2a}\right)(1-2a)$$

$$\quad + \frac{1}{2}\left\{2-\left(1-\frac{1}{2a}\right)\right\}(-1-2a) \longleftarrow$$

> 1次関数の定積分の計算は，三角形，台形，長方形の面積に帰着させます！

$$= -\frac{(2a-1)^2}{4a} - \frac{(2a+1)^2}{4a}$$

$$= -\frac{4a^2+1}{2a}$$

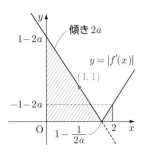

以上より $\quad S = \begin{cases} -\dfrac{4a^2+1}{2a} & \left(a \leqq -\dfrac{1}{2}\right) \\[2mm] 2 & \left(-\dfrac{1}{2} < a < \dfrac{1}{2}\right) \\[2mm] \dfrac{4a^2+1}{2a} & \left(a \geqq \dfrac{1}{2}\right) \end{cases}$

(2) (1)で求めた S を $S(a)$ とおく。

> $S(a)$ は偶関数ですから，対称性を用いることで考える範囲を絞れれば，答案量を少なくすることができます！

$S(-a) = S(a)$ より，関数 $S(a)$ は**偶関数**であるから，**$a \geqq 0$ のときを調べればよい。**

(a) $a \geqq \dfrac{1}{2}$ のとき $\quad S(a) = \dfrac{4a^2+1}{2a} = 2a + \dfrac{1}{2a}$

> この形を見たら，相加平均と相乗平均の不等式を連想できるように！

$2a \geqq 1 > 0$, $0 < \dfrac{1}{2a} \leqq 1$ であるから，

> 前提条件を満たしていることを確認します！

相加平均と相乗平均の不等式により

$$S(a) = 2a + \frac{1}{2a} \geqq 2\sqrt{2a \cdot \frac{1}{2a}} = 2$$

等号成立条件は $2a = \dfrac{1}{2a}$ のとき，すなわち $a = \dfrac{1}{2}\left(\geqq \dfrac{1}{2}\right)$ のときである。

> 等号成立条件のチェックを忘れずに！

(b) $0 \leqq a < \dfrac{1}{2}$ のとき $\quad S(a) = 2$

以上より，$a < 0$ のときも考えると，$S(a)$ は $-\dfrac{1}{2} \leqq a \leqq \dfrac{1}{2}$ のとき最小値 $\underline{2}$ をとる。

重要ポイント 総整理！

定積分と最大・最小の融合問題

このテーマでは，定積分と最大・最小の融合問題について触れていきます！

まず，定積分の計算は，ミスをしないように慎重に計算する訓練をしておいて下さいね。なお，1次関数の定積分の計算は，三角形や台形，長方形などの面積に帰着して求めると簡単ですよ！

定積分の計算の後の最大・最小の議論については，これまで学習してきたように，**1変数関数の最大・最小問題**（2次関数や3次関数の最大・最小），あるいは，**2変数関数の最大・最小問題**（独立タイプ，従属タイプ）や，**相加平均と相乗平均の不等式**などに持ち込んで考えていくことになります！

> 2つの関数 $f(x)=ax^3+bx^2+cx$，$g(x)=px^3+qx^2+rx$ が次の5つの条件を満たしているとする。
>
> $$f'(0)=g'(0),\ f(-1)=-1,\ f'(-1)=0,\ g(1)=3,\ g'(1)=0$$
>
> ここで，$f(x)$，$g(x)$ の導関数をそれぞれ $f'(x)$，$g'(x)$ で表している。このような関数のうちで，定積分
>
> $$\int_{-1}^{0}\{f''(x)\}^2dx+\int_{0}^{1}\{g''(x)\}^2dx$$
>
> の値を最小にするような $f(x)$ と $g(x)$ を求めよ。ただし，$f''(x)$，$g''(x)$ はそれぞれ $f'(x)$，$g'(x)$ の導関数を表す。
>
> （東京大）

$f'(x)=3ax^2+2bx+c$，$f''(x)=6ax+2b$

$g'(x)=3px^2+2qx+r$，$g''(x)=6px+2q$

であるから，$f'(0)=g'(0)$ より

$c=r$ ……①

$f(-1)=-1$ より

$-a+b-c=-1$ ……②

$f'(-1)=0$ より

$3a-2b+c=0$ ……③

②，③より $b=2a+1$，$c=a+2$ ◀ $b,\ c$ を a で表します！

①より $r=c=a+2$ ……④ ◀ r を a で表します！

$g(1)=3$ と④より

$p+q+a+2=3$ ……⑤

$g'(1)=0$ と④より

$3p+2q+a+2=0$ ……⑥

⑤，⑥より $p=a-4$，$q=5-2a$ ◀ $p,\ q$ を a で表します！

このとき

$$\int_{-1}^{0}\{f''(x)\}^2\,dx+\int_{0}^{1}\{g''(x)\}^2\,dx$$

$$=\int_{-1}^{0}(36a^2x^2+24abx+4b^2)\,dx+\int_{0}^{1}(36p^2x^2+24pqx+4q^2)\,dx$$

$$=\Big[12a^2x^3+12abx^2+4b^2x\Big]_{-1}^{0}+\Big[12p^2x^3+12pqx^2+4q^2x\Big]_{0}^{1}$$

$$=12a^2-12ab+4b^2+12p^2+12pq+4q^2$$

$$=4(3a^2-3ab+b^2+3p^2+3pq+q^2)$$

$$=4\{3a^2-3a(2a+1)+(2a+1)^2+3(a-4)^2+3(a-4)(5-2a)+(5-2a)^2\}$$

等式条件を用いて
1変数化をはかります！

$$=4(2a^2-4a+14)$$ 慎重に計算！

$$=8(a-1)^2+48$$

よって，$a=1$ のとき，最小値 48 をとる。

$y=8(a-1)^2+48$

最小

$a=1$

$a=1$ のとき $b=3$, $c=3$, $p=-3$, $q=3$, $r=3$ であるから

$$\underline{f(x)=x^3+3x^2+3x,\ \ g(x)=-3x^3+3x^2+3x}$$

テーマ **8** 積分方程式 ①定数型と②変数型！

これだけは！ 8

解答 (1) $f(x)=ax+\int_0^1\{f(t)\}^2dt$ $(a>0)$ ……①

> 積分区間の両端が定数ですので，この定積分の値は定数になります！
> **重要ポイント** 総整理！ を参照！

$\int_0^1\{f(t)\}^2dt=k$（定数）……② とおくと

①より，$f(x)=ax+k$ ……③ と表せる。

> x を t におきかえると $f(t)=at+k$ になります！

②，③より

$$k=\int_0^1\{f(t)\}^2dt$$
$$=\int_0^1(at+k)^2dt$$
$$=\int_0^1(a^2t^2+2akt+k^2)dt$$
$$=\left[\frac{a^2}{3}t^3+akt^2+k^2t\right]_0^1$$
$$=\frac{a^2}{3}+ak+k^2$$

$\therefore\ \frac{a^2}{3}+ak+k^2=k$

$\therefore\ k^2+(a-1)k+\frac{a^2}{3}=0$ ……④

ここで，①を満たす $f(x)$ がただ1つしか存在しないから，③において，**定数 k がただ一つ存在すればよい**。よって，**k の方程式④は重解をもつ**ので，④の判別式 D について

$$D=0$$
$$(a-1)^2-\frac{4a^2}{3}=0$$
$$a^2+6a-3=0$$

$\therefore\ \underline{a=-3+2\sqrt{3}}\ (>0)$

このとき，重解 k は $k=-\dfrac{a-1}{2}=2-\sqrt{3}$

> ④の方程式は重解をもつので，④の k の係数から $\left(k+\dfrac{a-1}{2}\right)^2=0$ と変形できます！

よって $\underline{f(x)=(-3+2\sqrt{3})x+2-\sqrt{3}}$

(2) $\int_0^x f(y)dy+\int_0^1(x+y)^2f(y)dy=x^2+C$ ……⑤

⑤において，$x=0$ を代入すると

> $\int_0^0 f(y)dy=0$ を用いました！
> **重要ポイント** 総整理！ を参照！

$\int_0^1 y^2f(y)dy=C$ ……⑥

⑤より $\int_0^x f(y)dy+x^2\int_0^1 f(y)dy+2x\int_0^1 yf(y)dy+\int_0^1 y^2f(y)dy=x^2+C$

これと⑥より

$$\int_0^x f(y)\,dy + x^2 \int_0^1 f(y)\,dy + 2x \int_0^1 y f(y)\,dy = x^2$$

> 積分方程式①定数型と②変数型が混在しています！　まずは，①定数型のアプローチをとります！

ここで，$\displaystyle\int_0^1 f(y)\,dy = a$（定数），$\displaystyle\int_0^1 y f(y)\,dy = b$（定数）とおくと

$$\int_0^x f(y)\,dy + ax^2 + 2bx = x^2$$

> 積分区間の両端が定数ですので，この定積分の値は定数になります！
> 絶対に，
> $$\int_0^1 y f(y)\,dy = y\int_0^1 f(y)\,dy = ya$$ と変形してはいけません！　これは，
> $$\int_0^1 x^3\,dx = x\int_0^1 x^2\,dx$$ と変形してしまうことと同じミスですよ！

両辺を x で微分すると　$f(x) + 2ax + 2b = 2x$

$\therefore$　$f(x) = 2(1-a)x - 2b$　……⑦

$$a = \int_0^1 f(y)\,dy$$

> ここからは，積分方程式①定数型のアプローチを続けて，a，b を求めます！

$$= \int_0^1 \{2(1-a)y - 2b\}\,dy$$

$$= \Big[(1-a)y^2 - 2by\Big]_0^1$$

$$= 1 - a - 2b$$

$\therefore$　$2a + 2b = 1$　……⑧

$$b = \int_0^1 y f(y)\,dy$$

> 積分方程式②変数型の形になりましたので，微積分学の基本定理
> $$\frac{d}{dx}\int_0^x f(y)\,dy = f(x)$$ を用いるために，両辺を x で微分します！

$$= \int_0^1 \{2(1-a)y^2 - 2by\}\,dy$$

$$= \Big[\frac{2}{3}(1-a)y^3 - by^2\Big]_0^1$$

$$= \frac{2}{3}(1-a) - b$$

$\therefore$　$\dfrac{2}{3}a + 2b = \dfrac{2}{3}$　……⑨

⑧，⑨より　$a = \dfrac{1}{4}$　これを⑧に代入して　$b = \dfrac{1}{4}$

⑦より　$f(x) = \dfrac{3}{2}x - \dfrac{1}{2}$

> x を y におきかえると，$f(y) = \dfrac{3}{2}y - \dfrac{1}{2}$

よって，⑥より

$$C = \int_0^1 y^2 f(y)\,dy$$

$$= \int_0^1 y^2 \Big(\frac{3}{2}y - \frac{1}{2}\Big)\,dy$$

$$= \int_0^1 \Big(\frac{3}{2}y^3 - \frac{1}{2}y^2\Big)\,dy$$

$$= \Big[\frac{3}{8}y^4 - \frac{1}{6}y^3\Big]_0^1$$

$$= \frac{5}{24}$$

積分方程式　①定数型

　積分方程式 (積分を含む等式) には,「①定数型の積分方程式」と「②変数型の積分方程式」の2つのタイプがあります。その見分け方は, 積分方程式の定積分の積分区間に着目することです。積分区間の両端が定数である場合は,「①定数型の積分方程式」になり, 積分区間に変数 x を含んでいる場合は,「②変数型の積分方程式」になります!

　まずは,「①定数型の積分方程式」について, 解法の手順を押さえていきましょう!　①定数型の積分方程式には, **積分区間の両端が定数である定積分**, 例えば $\int_a^b f(t)dt$ (a, b は定数) などが含まれています。ただし, $f(t)$ は, x を含まない t の関数です。$f(t)$ が未知であっても, a, b が定数であれば, $\int_a^b f(t)dt$ の値は, 何らかの定数になりますね!　ですから,

$\int_a^b f(t)dt = k$ (**定数**) とおけるわけです。同様に, $\int_a^b tf(t)dt$ も定数になりますから,

$\int_a^b tf(t)dt = l$ (**定数**) とおいて考えます。では, $\int_a^b xf(t)dt$ の場合は, どうでしょうか?

この場合は, 積分後の式に x が出てきますので, 定数にはなりません!　この定積分の場合,

積分する前に積分変数 t に無関係な x を定積分の前に出し, $\int_a^b xf(t)dt = x\int_a^b f(t)dt$ と変

形してから, 定数になる部分 $\int_a^b f(t)dt = k$ (**定数**) とおいて考えるのです!

> 次の等式を満たす関数 $f(x)$ を求めよ。
>
> $$f(x) = 2x^2 - 3\int_{-1}^0 xf(t)dt - \int_0^1 f(t)dt$$
>
> (鹿児島大)

$$f(x) = 2x^2 - 3x\int_{-1}^0 f(t)dt - \int_0^1 f(t)dt \blacktriangleleft$$

> 積分変数 t と無関係な x を定積分の前に出します!

ここで, $\int_{-1}^0 f(t)dt = a$ (**定数**), $\int_0^1 f(t)dt = b$ (**定数**) とおくと $\blacktriangleleft$

> 積分区間の両端が定数ですので, この定積分の値は定数になります!

$$f(x) = 2x^2 - 3ax - b \blacktriangleleft$$

> x を t におきかえると $f(t) = 2t^2 - 3at - b$ になります!

$$a = \int_{-1}^0 f(t)dt \blacktriangleleft$$

> ここからは, 積分方程式①定数型のアプローチになります!

$$= \int_{-1}^0 (2t^2 - 3at - b)dt$$

$$= \left[\frac{2}{3}t^3 - \frac{3}{2}at^2 - bt\right]_{-1}^0$$

$$= \frac{3}{2}a - b + \frac{2}{3}$$

$$\therefore \quad a - 2b = -\frac{4}{3} \quad \cdots\cdots ①$$

$$b = \int_0^1 f(t)\,dt$$

$$= \int_0^1 (2t^2 - 3at - b)\,dt$$

$$= \left[\frac{2}{3}t^3 - \frac{3}{2}at^2 - bt\right]_0^1$$

$$= -\frac{3}{2}a - b + \frac{2}{3}$$

$$\therefore \quad \frac{3}{2}a + 2b = \frac{2}{3} \quad \cdots\cdots②$$

①，②より　$a = -\dfrac{4}{15}$，これを①に代入して　$b = \dfrac{8}{15}$

よって　$\underline{f(x) = 2x^2 + \dfrac{4}{5}x - \dfrac{8}{15}}$

積分方程式　②変数型

次に，「②変数型の積分方程式」について，解法の手順を押さえていきましょう！

②変数型の積分方程式には，その積分方程式の中に，**積分区間に変数 x を含む積分**，例えば $\int_a^x g(t)\,dt$（a は定数）などが含まれています。ただし，$g(t)$ は，x を含まない t の関数です。この積分方程式に $x = a$ を代入して，$\int_a^a g(t)\,dt = 0$ を用いて考えます！　さらに，微積分学の基本定理である $\dfrac{d}{dx}\int_a^x g(t)\,dt = g(x)$ に着目して，積分方程式の両辺を x で微分して積分をはずして考えます。$\int_a^a g(t)\,dt = 0$ と $\dfrac{d}{dx}\int_a^x g(t)\,dt = g(x)$ の**両方を必ず用いて，$g(x)$ を求める**ことが重要です！

$\dfrac{d}{dx}\int_a^x g(t)\,dt = g(x)$ のみを用いて，$g(x)$ を求めた場合は，その答えは**必要条件**であり，必要十分条件になっていないことに注意してくださいね！

微積分学の基本定理 $\dfrac{d}{dx}\int_a^x f(t)\,dt = f(x)$（$a$ は定数）の証明

$f(t)$ の原始関数の 1 つを $F(t)$ とすると

$$\frac{d}{dx}\int_a^x f(t)\,dt = \frac{d}{dx}\left(\Big[F(t)\Big]_a^x\right) = \frac{d}{dx}\{F(x) - F(a)\} = f(x) \quad （a は定数）$$

次の関係式を満たす定数 a および関数 $g(x)$ を求めよ。

$$\int_a^x \{g(t) + tg(a)\}\,dt = x^2 - 2x - 3$$

（埼玉大）

$$\int_a^x \{g(t) + g(a)t\}\,dt = x^2 - 2x - 3 \quad \cdots\cdots①$$

①で $x=a$ を代入して

$$0=a^2-2a-3 \quad\blacktriangleleft\!\!-\!\!\boxed{\int_a^u \{g(t)+g(a)t\}\,dt=0 \text{ を用いました!}}$$

$$(a-3)(a+1)=0 \quad \therefore \quad a=3, \ -1$$

①の両辺を x で微分して

$$g(x)+g(a)x=2x-2 \quad\cdots\cdots② \quad\blacktriangleleft\!\!-\!\!\boxed{\dfrac{d}{dx}\int_a^x \{g(t)+g(a)t\}\,dt=g(x)+g(a)x \text{ を用いました!}}$$

(i) $a=3$ のとき，②より

$$g(x)+g(3)x=2x-2 \quad\cdots\cdots③ \quad\blacktriangleleft\!\!-\!\!\boxed{③は x についての恒等式です!}$$

③に $x=3$ を代入して

$$4g(3)=4$$

$$\therefore \quad g(3)=1$$

③より

$$g(x)+x=2x-2$$

$$\therefore \quad g(x)=x-2$$

(ii) $a=-1$ のとき，②より

$$g(x)+g(-1)x=2x-2 \quad\cdots\cdots④ \quad\blacktriangleleft\!\!-\!\!\boxed{④は x についての恒等式です!}$$

④に $x=-1$ を代入して

$$g(-1)-g(-1)=-4$$

これは，$0=-4$ となるので不合理。

(i), (ii)より $\underline{a=3, \ g(x)=x-2}$

これだけは！ 9

解答 $f(\theta)=\cos 2\theta+2a\sin\theta-b=1-2\sin^2\theta+2a\sin\theta-b=-2\sin^2\theta+2a\sin\theta+1-b$

(1) $\sin\theta=t$ とおく。$0\leq\theta\leq\pi$ より $0\leq t\leq 1$

$$f(\theta)=0 \iff 2t^2-2at+b-1=0$$

$g(t)=2t^2-2at+b-1$ とおく。

ここで，$t=\sin\theta$ を満たす $\theta\,(0\leq\theta\leq\pi)$ の個数は

$t=1$ のとき	1個
$0\leq t<1$ のとき	2個
$t<0,\ 1<t$ のとき	0個

となる。 ← 重要ポイント **総整理！** を参照！

> この t に対して対応する θ は存在しません！

> この $t\,(=1)$ に対して θ は1個対応！

> この t に対して θ は2個対応！

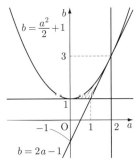

$t=\sin\theta$

方程式 $f(\theta)=0$ が**奇数個**の解をもつための条件は，$g(t)=0$ が $t=1$ を解にもつことである。

よって $g(1)=0$ $\therefore$ $\underline{b=2a-1}$

(2) $f(\theta)=0$ が **4つの解**をもつためには，$g(t)=0$ が $0\leq t<1$ の範囲に異なる2つの実数解をもてばよい。 ← 解の配置問題は，理想的なグラフをかき，(き)(じ)(は)へ！

よって，図より，次の①〜④が同時に成り立てばよい。

(き)は境界，(じ)は軸，(は)は判別式とする。

(き) $g(0)=b-1\geq 0$ $\therefore$ $b\geq 1$ ……①

$g(1)=2-2a+b-1>0$ $\therefore$ $b>2a-1$ ……②

(じ) $y=g(t)$ の軸 $t=\dfrac{a}{2}$ について $0<\dfrac{a}{2}<1$

$\therefore$ $0<a<2$ ……③

(は) $g(t)=0$ の判別式 D について

$$\dfrac{D}{4}>0 \quad (-a)^2-2(b-1)>0 \quad \therefore \quad b<\dfrac{a^2}{2}+1 \quad ……④$$

$y=g(t)$ $t=\dfrac{a}{2}$

以上より
$$\begin{cases} b\geq 1 \\ b>2a-1 \\ 0<a<2 \\ b<\dfrac{a^2}{2}+1 \end{cases}$$

> ①，②，③，④をすべて満たすと，理想的なグラフがかけ，題意を満たします！

求める点 $(a,\ b)$ の範囲は，図の斜線部分である。ただし，**境界線は，直線 $b=1$ かつ $0<a<1$ のみ含み，その他は含まない。**

$b=\dfrac{a^2}{2}+1$

$b=2a-1$

重要ポイント 総整理！

$\sin\theta=t$ とおき，関数 $f(\theta)$ を t についての関数 $g(t)$ におきかえるのは，おそらく大丈夫でしょう！　注意しなければいけないのは，θ についての方程式 $f(\theta)=0$ の解 θ と，t についての方程式 $g(t)=0$ の解 t は 1 対 1 対応ではないということです！　つまり，$f(\theta)=0$ の解 θ の個数と，$g(t)=0$ の解 t の個数は一致しないのです。このことについて，詳しく見ていきましょう！

三角方程式の解の個数問題

$0\leqq\theta<2\pi$ とし，t は定数とする。方程式 $\sin\theta=t$ の解 θ の個数を，t の値によって調べよ。

<u>$-1<t<1$ のとき</u>

　　解 θ の個数は　2個

<u>$t=-1,\ 1$ のとき</u>

　　解 θ の個数は　1個

<u>$t<-1,\ 1<t$ のとき</u>

　　解 θ の個数は　0個

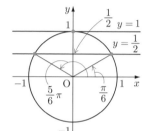
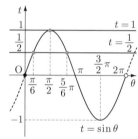

このように，$0\leqq\theta<2\pi$ のとき，t の値によって，解 θ の個数は変わります！　例えば，$t=\dfrac{1}{2}$ すなわち $\sin\theta=\dfrac{1}{2}$ のとき，$\theta=\dfrac{\pi}{6}$，$\dfrac{5}{6}\pi$ となり，解 θ の個数は 2 個になります。

$t=1$ すなわち $\sin\theta=1$ のとき，$\theta=\dfrac{\pi}{2}$ となり，解 θ の個数は 1 個になりますね。**t と θ の個数がどう対応しているかを注意して調べることが大切になります！**

$0\leqq\theta<2\pi$ とし，a は定数とする。$\cos3\theta-\cos2\theta+3\cos\theta-1=a$ を満たす θ の値はいくつあるか。a の値によって分類せよ。　　　　　（京都大）

$\cos\theta=t$ とおくと，$0\leqq\theta<2\pi$ より　$-1\leqq t\leqq1$

$t=\cos\theta$ を満たす $\theta\,(0\leqq\theta<2\pi)$ の個数は

　　　　$-1<t<1$ のとき　　2個

　　　　$t=-1,\ 1$ のとき　　1個

　　　　$t<-1,\ 1<t$ のとき　0個

となる。

$\cos3\theta-\cos2\theta+3\cos\theta-1=a$

$\Longleftrightarrow (4t^3-3t)-(2t^2-1)+3t-1=a$

$\Longleftrightarrow 4t^3-2t^2=a$

> 2倍角，3倍角の公式を用いました！

> この t に対して対応する θ は存在しません！

> この t に対して θ は 2 個対応！

> この $t(=-1)$ に対して θ は 1 個対応！

$f(t)=4t^3-2t^2$ とおくと $f'(t)=12t^2-4t=12t\left(t-\dfrac{1}{3}\right)$

よって，$-1\leqq t\leqq1$ における $f(t)$ の増減表は

t	-1	$\cdots$	0	$\cdots$	$\dfrac{1}{3}$	$\cdots$	1
$f'(t)$		$+$	0	$-$	0	$+$	
$f(t)$	-6	↗	0	↘	$-\dfrac{2}{27}$	↗	2

この $t(=1)$ に対して θ は $\underset{\sim\sim}{1}$個対応！

この $t(=-1)$ に対して θ は $\underset{\sim\sim}{1}$個対応！

この t に対して θ は $\underset{\sim\sim}{2}$個対応！

となる。図より，$y=f(t)$ のグラフと直線 $y=a$ の共有点の個数に着目し，さらに，t と θ の対応関係に注意すると，求める θ の個数は

$a<-6,\ 2<a$ のとき　0個

$a=-6,\ a=2$ のとき　1個　◀ ─── $t=-1$ もしくは $t=1$ に共有点を1個！

$-6<a<-\dfrac{2}{27},\ 0<a<2$ のとき　2個　◀ ─── $-1<t<1$ に共有点を1個！

$a=-\dfrac{2}{27},\ a=0$ のとき　4個　◀ ─── $-1<t<1$ に共有点を2個！

$-\dfrac{2}{27}<a<0$ のとき　6個　◀ ─── $-1<t<1$ に共有点を3個！

指数方程式の解の個数問題

▌ t は定数とする。方程式 $2^x+2^{-x}=t$ の解 x の個数を，t の値によって調べよ。

$t<2$ のとき，解 x の個数は $\underline{0}$個

$t=2$ のとき，解 x の個数は $\underline{1}$個

$t>2$ のとき，解 x の個数は $\underline{2}$個

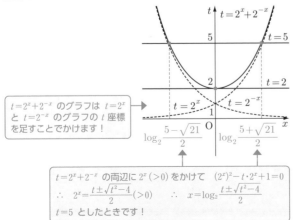

$t=2^x+2^{-x}$ のグラフは $t=2^x$ と $t=2^{-x}$ のグラフの t 座標を足すことでかけます！

$t=2^x+2^{-x}$ の両辺に $2^x(>0)$ をかけて $(2^x)^2-t\cdot2^x+1=0$
$\therefore\ 2^x=\dfrac{t\pm\sqrt{t^2-4}}{2}(>0)$ $\therefore\ x=\log_2\dfrac{t\pm\sqrt{t^2-4}}{2}$
$t=5$ としたときです！

このように，t の値によって，解 x の個数は変わります！

例えば，$t=2$ すなわち $2^x+2^{-x}=2$ のとき，$x=0$ となり，解 x の個数は 1 個になります。

$t=5$ すなわち $2^x+2^{-x}=5$ のとき，$x=\log_2\dfrac{5\pm\sqrt{21}}{2}$ となり，解 x の個数は 2 個になりますね。**t と x の個数がどう対応しているかを注意して調べることが大切です！**

別解 $t=2^x+2^{-x}$ の両辺に $2^x(>0)$ をかけて，$2^{2x}-t\cdot2^x+1=0$ $\therefore$ $2^x=\dfrac{t\pm\sqrt{t^2-4}}{2}$

<u>$t<2$ のとき</u>，右辺は負または虚数になり，対応する x は存在せず，<u>0 個</u>

<u>$t=2$ のとき</u>，右辺は 1 で，このとき $x=0$ になり，対応する x の個数は，<u>1 個</u>

<u>$t>2$ のとき</u>，右辺は異なる 2 つの正の値になり，対応する x の個数は，<u>2 個</u>

実数 x に対して，$t=2^x+2^{-x}$，$y=4^x-6\cdot2^x-6\cdot2^{-x}+4^{-x}$ とおく。

(1) x が実数全体を動くとき，t の最小値を求めよ。

(2) y を t の式で表せ。

(3) x が実数全体を動くとき，y の最小値を求めよ。

(4) a を実数とするとき，$y=a$ となるような x の個数を求めよ。 （大阪教育大）

(1) $2^x>0$，$2^{-x}>0$ であるから，**相加平均と相乗平均の不等式**

◀ 前提条件を満たしていることを記述しましょう！

により

$$2^x+2^{-x}\geqq2\sqrt{2^x\cdot2^{-x}}=2 \quad \therefore \quad t\geqq2$$

等号成立条件は，$2^x=2^{-x}$ すなわち $x=0$ のときである。

◀ 等号成立条件をチェックすること！ 等号が成立する x が存在して初めて，2 が最小値と確定します！

よって，t は $x=0$ のとき，最小値 2 をとる。

(2) $\underline{y}=4^x+4^{-x}-6(2^x+2^{-x})$

$\quad=(2^x+2^{-x})^2-2-6(2^x+2^{-x})$

$\quad\underline{=t^2-6t-2}$

(3) $y=t^2-6t-2=(t-3)^2-11 \quad (t\geqq2)$

$t=3$ のとき $2^x+2^{-x}=3$

両辺に $2^x(>0)$ をかけると

$(2^x)^2-3\cdot2^x+1=0$

$\therefore \quad 2^x=\dfrac{3\pm\sqrt{5}}{2}(>0)$

$\therefore \quad x=\log_2\dfrac{3\pm\sqrt{5}}{2}$

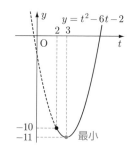

よって，y は $t=3$ すなわち $x=\log_2\dfrac{3\pm\sqrt{5}}{2}$ のとき，最小値 -11 をとる。 ◀

もとの x が存在することを調べましょう！

(4) $2^x + 2^{-x} = t$ の解 x の個数は

$\qquad$ $t < 2$ のとき，解 x の個数は 0 個

$\qquad$ $t = 2$ のとき，解 x の個数は 1 個

$\qquad$ $t > 2$ のとき，解 x の個数は 2 個

となる。

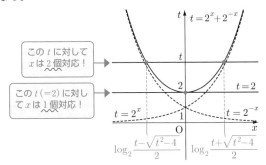

$y = t^2 - 6t - 2 \quad (t \geqq 2)$ のグラフと

直線 $y = a$ の共有点の個数に着目し，さらに，t と x の

対応関係に注意すると，求める x の個数は

$\qquad$ $a < -11$ のとき　0 個

$\qquad$ $a = -11$，$-10 < a$ のとき　2 個　◀── $t > 2$ に共有点を 1 個！

$\qquad$ $a = -10$ のとき　3 個　◀── $t = 2$ に共有点を 1 個！ $t > 2$ に共有点を 1 個！

$\qquad$ $-11 < a < -10$ のとき　4 個　◀── $t > 2$ に共有点を 2 個！

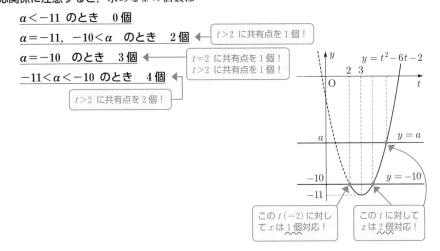

テーマ **10** | 円周上の動点が絡む図形問題！　設定力を極める！

これだけは！ 10

解答　点Oを原点とする xy 座標を設定する。定点Aを A$(1, 0)$ と対応させ，B$(2, 0)$ とおく。

$t=0$ のとき，P は A$(1, 0)$，Q は B$(2, 0)$ の位置にある。

時刻 t において，弧 AP，BQ の長さがともに t より，**動径**

OP，OQ と x 軸の正方向とのなす角はそれぞれ t，$\dfrac{t}{2}$ である。

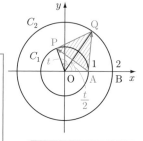

ゆえに，時刻 t における点 P，Q の座標は

$$\mathrm{P}(\cos t, \sin t)$$

$$\mathrm{Q}\left(2\cos\frac{t}{2}, 2\sin\frac{t}{2}\right)$$

重要ポイント **総整理！** を参照！

$$\therefore \ \overrightarrow{\mathrm{AP}}=\overrightarrow{\mathrm{OP}}-\overrightarrow{\mathrm{OA}}=(\cos t-1, \sin t)$$

$$\overrightarrow{\mathrm{AQ}}=\overrightarrow{\mathrm{OQ}}-\overrightarrow{\mathrm{OA}}=\left(2\cos\frac{t}{2}-1, 2\sin\frac{t}{2}\right)$$

したがって，△APQ の面積を $S(t)$ とすると

$$S(t)=\frac{1}{2}\left|(\cos t-1)\cdot 2\sin\frac{t}{2}-\left(2\cos\frac{t}{2}-1\right)\cdot\sin t\right|$$

弧の長さ l と動径 r からなす角 θ を求めます！

$l=r\theta$

$$=\frac{1}{2}\left|-2\left(\sin t\cos\frac{t}{2}-\cos t\sin\frac{t}{2}\right)+\sin t-2\sin\frac{t}{2}\right|$$

合成！（加法定理の逆）

$\overrightarrow{\mathrm{AP}}=(x_1, y_1)$，$\overrightarrow{\mathrm{AQ}}=(x_2, y_2)$ のとき，

$$\triangle\mathrm{APQ}=\frac{1}{2}|x_1 y_2-x_2 y_1|$$

（ベクトル版の三角形の面積公式）

$$=\frac{1}{2}\left|-2\sin\left(\boxed{t-\frac{t}{2}}\right)+\sin t-2\sin\frac{t}{2}\right|$$

$$\underset{\parallel}{}\ \frac{t}{2}$$

$$=\frac{1}{2}\left|-4\sin\frac{t}{2}+\sin t\right|$$

$\sin 2\cdot\dfrac{t}{2}$ として 2倍角の公式で角を $\dfrac{t}{2}$ に統一！

$$=\frac{1}{2}\left|-4\sin\frac{t}{2}+2\sin\frac{t}{2}\cos\frac{t}{2}\right|$$

$$=\left|-2\sin\frac{t}{2}+\sin\frac{t}{2}\cos\frac{t}{2}\right|$$

$$=\left|\sin\frac{t}{2}\left(\cos\frac{t}{2}-2\right)\right|$$

$$\therefore \ \{S(t)\}^2=\sin^2\frac{t}{2}\left(\cos\frac{t}{2}-2\right)^2$$

三角関数の種類を cos に統一！

$$=\left(1-\cos^2\frac{t}{2}\right)\left(\cos\frac{t}{2}-2\right)^2$$

ここで，$\cos\dfrac{t}{2}=x$ とおくと，$0\leqq\dfrac{t}{2}\leqq 2\pi$ より　$-1\leqq x\leqq 1$

$$\{S(t)\}^2 = (1-x^2)(x-2)^2$$

ここで，$f(x)=(1-x^2)(x-2)^2$ とおくと ← $\{S(t)\}^2$ は x の関数なので $f(x)$ とおきなおします！

$$f(x)=(1-x^2)(x^2-4x+4)$$
$$\qquad = -x^4+4x^3-3x^2-4x+4$$
$$f'(x)=-4x^3+12x^2-6x-4$$
$$\qquad = -2(2x^3-6x^2+3x+2)$$
$$\qquad = -2(x-2)(2x^2-2x-1) \ \blacktriangleleft$$

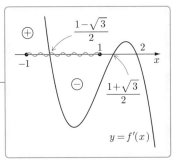

$-1 \leqq x \leqq 1$ における $f(x)$ の増減表は

x	-1	$\cdots$	$\dfrac{1-\sqrt{3}}{2}$	$\cdots$	1
$f'(x)$		$+$	0	$-$	
$f(x)$		$\nearrow$	極大	$\searrow$	

となるので，$f(x)\ (=\{S(t)\}^2)$ は $x=\dfrac{1-\sqrt{3}}{2}$ のとき最大となり，最大値は

$$f\left(\frac{1-\sqrt{3}}{2}\right)=\left\{1-\left(\frac{1-\sqrt{3}}{2}\right)^2\right\}\left(\frac{1-\sqrt{3}}{2}-2\right)^2=\underline{\frac{9+6\sqrt{3}}{4}}$$

円周上の動点が絡む図形問題!

ここでは, よく問題で出てくる円周上を動く点のおき方をまとめておきます。

点Pが xy 平面の原点を中心とする半径 r の円周上を動くと
き, 点Pの座標は

$$P(r\cos\theta, \ r\sin\theta) \quad (0\leq\theta<2\pi)$$

とおけます。

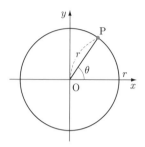

点Pが xy 平面の点 $A(a, b)$ を中心とする半径 r の円周上
を動くとき, 点Pの座標は

$$P(a+r\cos\theta, \ b+r\sin\theta) \quad (0\leq\theta<2\pi)$$

とおけます。

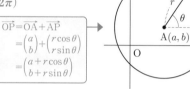

点Pが xy 平面上 ($z=0$ 上) の原点を中心とする半径 r
の円周上を動くとき, 点Pの座標は

$$P(r\cos\theta, \ r\sin\theta, \ 0) \quad (0\leq\theta<2\pi)$$

とおけます。

平面 $z=0$ 上ですから
z 成分は常に 0 です!

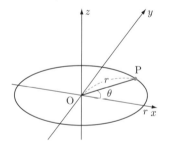

空間内における円周上の動点が絡む問題も難関大で頻出なので, 次の問題で触れておきます!

空間内に定点 $A(1, 1, 1)$ がある。xy 平面上に原点を中心とする半径 1 の円があり, 点
P, Q はこの円周上を PQ が直径となるように動く。

(1) $\angle PAQ$ の最大値と最小値を求めよ。

(2) $\triangle PAQ$ の面積の最大値と最小値を求めよ。

(一橋大)

(1) PQ は xy 平面上（$z=0$ 上）の単位円の直径より，

P$(\cos\theta,\ \sin\theta,\ 0)$ $(0\le\theta<2\pi)$ とおくと

> 空間座標においても，円周上を動く
> 点のおき方はとても重要ですよ！

Q$(\cos(\theta+\pi),\ \sin(\theta+\pi),\ 0)$

すなわち Q$(-\cos\theta,\ -\sin\theta,\ 0)$ とおける。

$\overrightarrow{AP}=\overrightarrow{OP}-\overrightarrow{OA}=(\cos\theta-1,\ \sin\theta-1,\ -1)$

$\overrightarrow{AQ}=\overrightarrow{OQ}-\overrightarrow{OA}=(-\cos\theta-1,\ -\sin\theta-1,\ -1)$

であるから

$\overrightarrow{AP}\cdot\overrightarrow{AQ}=(-\cos^2\theta+1)+(-\sin^2\theta+1)+1$

$\qquad\qquad=2$

$|\overrightarrow{AP}|^2=(\cos\theta-1)^2+(\sin\theta-1)^2+1$

$\qquad\ =4-2(\sin\theta+\cos\theta)$

$\qquad\ =4-2\sqrt{2}\sin\left(\theta+\dfrac{\pi}{4}\right)$ ⟩ 合成

$|\overrightarrow{AQ}|^2=(-\cos\theta-1)^2+(-\sin\theta-1)^2+1$

$\qquad\ =4+2(\sin\theta+\cos\theta)$

$\qquad\ =4+2\sqrt{2}\sin\left(\theta+\dfrac{\pi}{4}\right)$ ⟩ 合成

以上より $\boxed{\cos\angle PAQ=\dfrac{\overrightarrow{AP}\cdot\overrightarrow{AQ}}{|\overrightarrow{AP}||\overrightarrow{AQ}|}}=\dfrac{2}{\sqrt{16-8\sin^2\left(\theta+\frac{\pi}{4}\right)}}=\dfrac{1}{\sqrt{4-2\sin^2\left(\theta+\frac{\pi}{4}\right)}}$

$0\le\sin^2\left(\theta+\dfrac{\pi}{4}\right)\le1$ より $\dfrac{1}{2}\le\cos\angle PAQ\le\dfrac{1}{\sqrt{2}}$

$0<\angle PAQ<\pi$ より $\dfrac{\pi}{4}\le\angle PAQ\le\dfrac{\pi}{3}$

よって，$\angle PAQ$ は，**最大値 $\dfrac{\pi}{3}$，最小値 $\dfrac{\pi}{4}$** をとる。

(2) △PAQ の面積を $S(\theta)$ とすると

$S(\theta)=\dfrac{1}{2}\sqrt{|\overrightarrow{AP}|^2|\overrightarrow{AQ}|^2-(\overrightarrow{AP}\cdot\overrightarrow{AQ})^2}$

> ベクトル版の三角形の面積
> 公式！　空間でも平面でも
> 同じ式になります！

$\qquad\ =\dfrac{1}{2}\sqrt{16-8\sin^2\left(\theta+\dfrac{\pi}{4}\right)-2^2}$

$\qquad\ =\dfrac{1}{2}\sqrt{12-8\sin^2\left(\theta+\dfrac{\pi}{4}\right)}$

$\qquad\ =\sqrt{3-2\sin^2\left(\theta+\dfrac{\pi}{4}\right)}$

$0\le\sin^2\left(\theta+\dfrac{\pi}{4}\right)\le1$ より $1\le S(\theta)\le\sqrt{3}$

よって，$S(\theta)$ は，**最大値 $\sqrt{3}$，最小値 1** をとる。

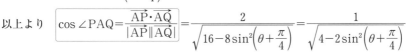

テーマ **11** │ **2直線のなす角をどう処理するか？**

これだけは！ **11**

解答 (1) **直線 AB，直線 AC と x 軸の正の向きとのなす角を**

それぞれ α，β $\left(-\dfrac{\pi}{2}<\alpha<\dfrac{\pi}{2},\ -\dfrac{\pi}{2}<\beta<\dfrac{\pi}{2}\right)$ とおく。

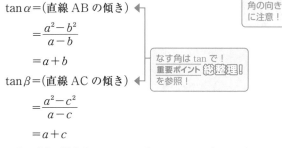

$\boxed{\alpha\geqq 0,\ \beta\geqq 0}$

$$\tan\alpha=(\text{直線 AB の傾き})$$

$$=\frac{a^2-b^2}{a-b}$$

$$=a+b$$

なす角は tan で！
重要ポイント **総整理！** を参照！

角の向き に注意！

$$\tan\beta=(\text{直線 AC の傾き})$$

$$=\frac{a^2-c^2}{a-c}$$

$$=a+c$$

$\boxed{\alpha\leqq 0,\ \beta\geqq 0}$

また，どの図の場合も，$b<c$ より，$\alpha<\beta$ であるから

$$\angle\text{BAC}=\beta-\alpha$$

$\angle\text{BAC}\neq 90°$ のとき

$$\tan\angle\text{BAC}=\tan(\beta-\alpha)$$

$$=\frac{\tan\beta-\tan\alpha}{1+\tan\beta\tan\alpha}$$

$$=\frac{(a+c)-(a+b)}{1+(a+c)(a+b)}$$

$$=\frac{c-b}{1+(a+c)(a+b)}\quad\cdots\cdots①$$

$\alpha-\beta$ でないことに注意して下さいね！
$\alpha-\beta$ は負ですから！

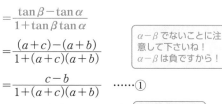

$\boxed{\alpha\leqq 0,\ \beta\leqq 0}$ $y=x^2$

ここで，$\angle\text{BAC}=60°$ と仮定すると，
①より

背理法を用いて 示します！

$$\tan 60°=\frac{c-b}{1+(a+c)(a+b)}$$

$$\sqrt{3}=\frac{c-b}{1+(a+c)(a+b)}$$

a, b, c は整数であるから，右辺は有理数であるが，これは左辺が無理数であることに矛盾する。

よって，$\angle\text{BAC}=60°$ となることはない。　□

(2) $a=-3$, $\angle \mathrm{BAC}=45°$ のとき，

①より

$$\tan 45° = \frac{c-b}{1+(-3+c)(-3+b)}$$

$$1 = \frac{c-b}{bc-3b-3c+10}$$

$$bc-3b-3c+10 = c-b$$

$$bc-2b-4c = -10$$

$$(b-4)(c-2) = -2 \quad \cdots\cdots ②$$ ← 整数問題は積の形へ持ち込みます！

$b<c$ であるから

$$b-4 < c-2$$ ← 不等式で範囲を絞ります！

b，c は整数であるから，②より

$$(b-4, \ c-2) = (-2, \ 1), \ (-1, \ 2)$$

∴ $\underline{(b, \ c) = (2, \ 3), \ (3, \ 4)}$ （これらは $a<b<c$ を満たしている。）

重要ポイント 総整理！

2直線のなす角をどう処理するか？

このテーマでは，2つの直線のなす角をどう処理していくかについて扱っていきましょう！

2直線のなす角を求める問題について，文系の入試問題で一番多い形は，

2直線の傾きに着目して，tan の加法定理で処理

させて解かせる誘導がある問題です。2直線のなす角ときたら，tan で処理して解くのがスタンダードになりますので，まずは，tan に帰着させる方法をマスターしておきましょう！

さて，tan の加法定理に帰着させるためには，最初の一手として，**角を導入します！** **直線 l_1, 直線 l_2 と x 軸の正の向きとのなす角**をそれぞれ α, β $\left(-\dfrac{\pi}{2}<\alpha<\dfrac{\pi}{2},\ -\dfrac{\pi}{2}<\beta<\dfrac{\pi}{2}\right)$

とおきます。直線の傾きを経由して角を考える $\left(y\right.$ 軸に平行な直線は除いて，$\alpha\neq\pm\dfrac{\pi}{2}$,

$\beta\neq\pm\dfrac{\pi}{2}$ で考える$\bigg)$ ので，$0<\alpha<\pi,\ 0<\beta<\pi$ と設定するよりも，$-\dfrac{\pi}{2}<\alpha<\dfrac{\pi}{2}$,

$-\dfrac{\pi}{2}<\beta<\dfrac{\pi}{2}$ と設定する方が煩わしくありませんね。

また，**直線 l_1 の傾きが直線 l_2 の傾きより大きいとき**，次の3パターンの図が考えられます。ここでポイントになるのは，どの図の場合も，**直線 l_1 と直線 l_2 のなす角 θ が，$\alpha-\beta$ になる**ことです。

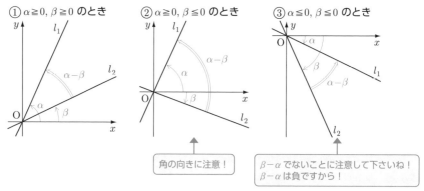

まずは，下の問題で練習しましょう！

x を正の実数とし，座標平面上に3点 A$(x,\ 0)$, B$(-2,\ 2)$, C$(-3,\ 3)$ をとる。直線 AB と直線 AC のなす角を θ とする。ただし，$0<\theta<\dfrac{\pi}{2}$ とする。

(1) $\tan\theta$ を x で表せ。

(2) $x>0$ における $\tan\theta$ の最大値およびそのときの x の値を求めよ。　　(北海道大)

(1) 直線 AB，直線 AC と x 軸の正の向きとのなす角をそ

れぞれ α，β $\left(-\dfrac{\pi}{2}<\alpha<\dfrac{\pi}{2},\ -\dfrac{\pi}{2}<\beta<\dfrac{\pi}{2}\right)$ とおくと，

$x>0$ より

$$\tan\alpha=(直線\ AB\ の傾き)=\frac{-2}{x+2}$$

$$\tan\beta=(直線\ AC\ の傾き)=\frac{-3}{x+3}$$

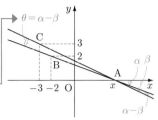

と表される。図より，$\theta=\alpha-\beta$ であるから

$$\underline{\tan\theta}=\tan(\alpha-\beta)$$

$$=\frac{\tan\alpha-\tan\beta}{1+\tan\alpha\tan\beta}$$

$$=\frac{\dfrac{-2}{x+2}-\dfrac{-3}{x+3}}{1+\dfrac{-2}{x+2}\cdot\dfrac{-3}{x+3}}$$

$$=\frac{-2(x+3)+3(x+2)}{(x+3)(x+2)+6}$$

$$=\frac{x}{x^2+5x+12}$$

(2) (1)と $x>0$ より $\tan\theta=\dfrac{1}{x+\dfrac{12}{x}+5}$

> この形を見たら，相加平均と相乗平均の不等式を連想できるように！

$x>0$，$\dfrac{12}{x}>0$ であるから，相加平均と相乗平均の不等式により

> 前提条件を満たしていることを確認します！

$$\tan\theta=\frac{1}{x+\dfrac{12}{x}+5}$$

> 相加平均と相乗平均の不等式を分母で使うときは，不等号の向きに注意！
> $x+\dfrac{12}{x}\geqq 2\sqrt{x\cdot\dfrac{12}{x}}$

$$\leqq\frac{1}{2\sqrt{x\cdot\dfrac{12}{x}}+5}$$

$$=\frac{1}{4\sqrt{3}+5}$$

等号成立条件は，$x=\dfrac{12}{x}$ すなわち $x=2\sqrt{3}$（>0）のときである。

> 等号成立条件のチェックを忘れずに！

よって，$\tan\theta$ は $x=2\sqrt{3}$ のとき，**最大値** $\dfrac{1}{4\sqrt{3}+5}$ をとる。

$\tan$ の加法定理以外のアプローチとしては，

    2 直線から 2 つの方向ベクトル（あるいは，2 つの法線ベクトル）の内積

を用いて cos を経由して解く方法があります。2 直線のなす角ときたら，tan の加法定理か，ベクトルの内積に着目して，解答を作成していきましょう！

テーマ **12** | 内積の図形的意味と三角形の外心！

これだけは！ 12

解答 (1) ∠ADC=θ とおく。

四角形 ABCD は円に内接するから

$\angle ABC + \theta = 180°$

△ABC, △ACD で，**余弦定理より**

$AC^2 = 1^2 + (\sqrt{6})^2 - 2 \cdot 1 \cdot \sqrt{6} \cos(180° - \theta)$

$= 7 + 2\sqrt{6} \cos\theta$ ……①

$AC^2 = 2^2 + (\sqrt{6})^2 - 2 \cdot 2 \cdot \sqrt{6} \cos\theta$

$= 10 - 4\sqrt{6} \cos\theta$ ……②

①×2+② より $3AC^2 = 24$

$AC^2 = 8$

$AC > 0$ より $\underline{AC = 2\sqrt{2}}$ ◀

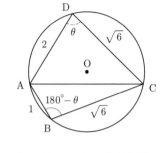

> ①, ②より $7 + 2\sqrt{6}\cos\theta = 10 - 4\sqrt{6}\cos\theta$ ∴ $\cos\theta = \dfrac{1}{2\sqrt{6}}$
> これを①に代入して $AC^2 = 7 + 2\sqrt{6} \cdot \dfrac{1}{2\sqrt{6}} = 8$
> $AC > 0$ より $AC = 2\sqrt{2}$ として求めてもよいです！

(2) 図で，O は △ACD の外接円の中心（外心）より，O は各

辺の垂直二等分線の交点である。

> 内積の図形的意味で
> 解くのが１番速いです！
> **重要ポイント 総整理！** を参照！

辺 AD の中点 M，辺 AC の中点Nに対して

$\overrightarrow{AO} \cdot \overrightarrow{AD} = |\overrightarrow{AD}||\overrightarrow{AM}| = 2 \cdot 1 = \underline{2}$ ……③

$\overrightarrow{AO} \cdot \overrightarrow{AC} = |\overrightarrow{AC}||\overrightarrow{AN}| = 2\sqrt{2} \cdot \sqrt{2} = \underline{4}$ ……④

(3) まず，$\overrightarrow{AC} \cdot \overrightarrow{AD}$ を求める。

$|\overrightarrow{DC}|^2 = |\overrightarrow{AC} - \overrightarrow{AD}|^2 = |\overrightarrow{AC}|^2 - 2\overrightarrow{AC} \cdot \overrightarrow{AD} + |\overrightarrow{AD}|^2$ ◀

$(\sqrt{6})^2 = (2\sqrt{2})^2 - 2\overrightarrow{AC} \cdot \overrightarrow{AD} + 2^2$

$6 = 8 - 2\overrightarrow{AC} \cdot \overrightarrow{AD} + 4$ ∴ $\overrightarrow{AC} \cdot \overrightarrow{AD} = 3$

$\overrightarrow{AO} \cdot \overrightarrow{AD}$, $\overrightarrow{AO} \cdot \overrightarrow{AC}$ に $\overrightarrow{AO} = x\overrightarrow{AC} + y\overrightarrow{AD}$

を代入して

$\overrightarrow{AO} \cdot \overrightarrow{AD} = (x\overrightarrow{AC} + y\overrightarrow{AD}) \cdot \overrightarrow{AD}$

$= x\overrightarrow{AC} \cdot \overrightarrow{AD} + y|\overrightarrow{AD}|^2$

$= 3x + 4y$ ……⑤

$\overrightarrow{AO} \cdot \overrightarrow{AC} = (x\overrightarrow{AC} + y\overrightarrow{AD}) \cdot \overrightarrow{AC}$

$= x|\overrightarrow{AC}|^2 + y\overrightarrow{AD} \cdot \overrightarrow{AC}$

$= 8x + 3y$ ……⑥

> ここで
> 使います！

> $|\overrightarrow{DC}|^2 = |\overrightarrow{AC}|^2 - 2\overrightarrow{AC} \cdot \overrightarrow{AD} + |\overrightarrow{AD}|^2$
> について，$\overrightarrow{AC} \cdot \overrightarrow{AD} = |\overrightarrow{AC}||\overrightarrow{AD}|\cos\angle CAD$
> を代入すると
> $|\overrightarrow{DC}|^2 = |\overrightarrow{AC}|^2 + |\overrightarrow{AD}|^2 - 2|\overrightarrow{AC}||\overrightarrow{AD}|\cos\angle CAD$
> となりますが，この式は余弦定理の式，そのものになっています！
> このことからも，$\overrightarrow{AC} \cdot \overrightarrow{AD}$ は余弦定理からも求めることができます！

③と⑤，④と⑥より $\begin{cases} 3x + 4y = 2 \\ 8x + 3y = 4 \end{cases}$ これを解いて $\underline{x = \dfrac{10}{23}, \ y = \dfrac{4}{23}}$

重要ポイント **総整理!**

内積の図形的意味

右図のように，2つのベクトル $\overrightarrow{OA}$，$\overrightarrow{OB}$ があり，∠AOB＝θ とする。点Bから OA（または その延長）に垂線 BH を下ろすとする。

$0 \leqq \theta \leqq \dfrac{\pi}{2}$ のとき

$\overrightarrow{OA} \cdot \overrightarrow{OB} = |\overrightarrow{OA}||\overrightarrow{OB}|\cos\theta$ ◀── 内積の定義

$\qquad = OA \times OH$

$\qquad = $ (自分の長さ)×(相手の影)
$\qquad\quad\;$ ① $\qquad\qquad$ ②
◀── OA を自分，OB を相手とします！

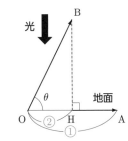

$\dfrac{\pi}{2} < \theta \leqq \pi$ のとき

$\overrightarrow{OA} \cdot \overrightarrow{OB} = |\overrightarrow{OA}||\overrightarrow{OB}|\cos\theta$ ◀── 内積の定義

$\qquad = |\overrightarrow{OA}||\overrightarrow{OB}|\{-\cos(180°-\theta)\}$

$\qquad = OA \times (-OH)$

$\qquad = -$ (自分の長さ)×(相手の影)
$\qquad\qquad\;$ ① $\qquad\qquad\quad$ ②

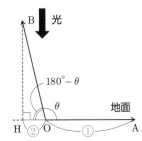

三角形の外心

三角形の外心（外接円の中心）は，OA＝OB＝OC より，三角形の各辺の垂直二等分線の交点となります！

このことから，下の図のように，三角形の形によらず，AB と AC の長さが分かれば，内積の図形的意味により

$$\overrightarrow{AO} \cdot \overrightarrow{AB} = \frac{1}{2}|\overrightarrow{AB}||\overrightarrow{AB}| = \frac{1}{2}|\overrightarrow{AB}|^2$$

$$\overrightarrow{AO} \cdot \overrightarrow{AC} = \frac{1}{2}|\overrightarrow{AC}|^2$$

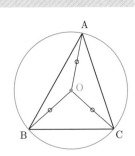

の値が定まります。

また，$\overrightarrow{AO} = m\overrightarrow{AB} + n\overrightarrow{AC}$ と表せるので，内積 $\overrightarrow{AB} \cdot \overrightarrow{AC}$ の値が分かれば，$\overrightarrow{AO} \cdot \overrightarrow{AB}$，$\overrightarrow{AO} \cdot \overrightarrow{AC}$ をこの式を用いて表すことによって，m と n が求まります！

下の例で確認しましょう！

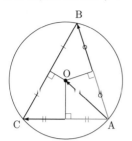 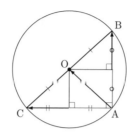 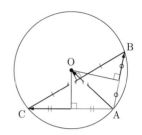

三角形 ABC において，AB＝5，BC＝7，CA＝3 とする。この三角形 ABC の外接円の中心をPとするとき，内積 $\overrightarrow{AP}\cdot\overrightarrow{AB}$，$\overrightarrow{AP}\cdot\overrightarrow{AC}$ の値を求めよ。また，$\overrightarrow{AP}$ を $\overrightarrow{AB}$，$\overrightarrow{AC}$ を用いて表せ。

（慶應義塾大・改）

Pは △ABC の外接円の中心（外心）より，
Pは各辺の垂直二等分線の交点である。
辺 AB の中点 M，辺 AC の中点Nに対して

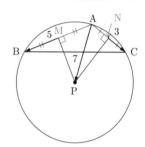

$$\overrightarrow{AP}\cdot\overrightarrow{AB}=|\overrightarrow{AB}||\overrightarrow{AM}|=\frac{25}{2} \quad \cdots\cdots①$$

$$\overrightarrow{AP}\cdot\overrightarrow{AC}=|\overrightarrow{AC}||\overrightarrow{AN}|=\frac{9}{2} \quad \cdots\cdots②$$

> 内積の図形的意味で解くのが1番速いです！

ここで，$\overrightarrow{AB}\cdot\overrightarrow{AC}$ を求める。

$$|\overrightarrow{CB}|^2=|\overrightarrow{AB}-\overrightarrow{AC}|^2=|\overrightarrow{AB}|^2-2\overrightarrow{AB}\cdot\overrightarrow{AC}+|\overrightarrow{AC}|^2$$

$$7^2=5^2-2\overrightarrow{AB}\cdot\overrightarrow{AC}+3^2 \quad \therefore \ \overrightarrow{AB}\cdot\overrightarrow{AC}=-\frac{15}{2}$$

$\overrightarrow{AP}=x\overrightarrow{AB}+y\overrightarrow{AC}$ （x，y は実数）とおき，
$\overrightarrow{AP}\cdot\overrightarrow{AB}$，$\overrightarrow{AP}\cdot\overrightarrow{AC}$ に代入して

$$\overrightarrow{AP}\cdot\overrightarrow{AB}=(x\overrightarrow{AB}+y\overrightarrow{AC})\cdot\overrightarrow{AB}$$
$$=x|\overrightarrow{AB}|^2+y\overrightarrow{AB}\cdot\overrightarrow{AC}$$
$$=25x-\frac{15}{2}y \quad \cdots\cdots③$$

ここで使います！

$$\overrightarrow{AP}\cdot\overrightarrow{AC}=(x\overrightarrow{AB}+y\overrightarrow{AC})\cdot\overrightarrow{AC}$$
$$=x\overrightarrow{AB}\cdot\overrightarrow{AC}+y|\overrightarrow{AC}|^2$$
$$=-\frac{15}{2}x+9y \quad \cdots\cdots④$$

①と③，②と④より
$$\begin{cases} 25x-\dfrac{15}{2}y=\dfrac{25}{2} \\[2mm] -\dfrac{15}{2}x+9y=\dfrac{9}{2} \end{cases}$$

これを解いて $x=\dfrac{13}{15}$，$y=\dfrac{11}{9}$ $\quad\therefore \ \overrightarrow{AP}=\dfrac{13}{15}\overrightarrow{AB}+\dfrac{11}{9}\overrightarrow{AC}$

> △ABC で余弦定理より
> $$\cos\angle A=\frac{AB^2+CA^2-BC^2}{2AB\cdot CA}$$
> $$=\frac{5^2+3^2-7^2}{2\cdot5\cdot3}=-\frac{1}{2}$$
> $0°<\angle A<180°$ より $\angle A=120°$
> よって，$\overrightarrow{AB}\cdot\overrightarrow{AC}=|\overrightarrow{AB}||\overrightarrow{AC}|\cos120°$
> $$=5\cdot3\cdot\left(-\frac{1}{2}\right)=-\frac{15}{2}$$
> と求めてもよいですが，少し遠回りです！
> 上位レベルの皆さんは，ベクトルの大きさの式を2乗することで，内積を求められるようにしましょう！ この技を押さえられれば，内積の図形的意味で求めた①，②についても，この方法で求められますよ！ ①は
> $$|\overrightarrow{BP}|^2=|\overrightarrow{AP}-\overrightarrow{AB}|^2$$
> $$=|\overrightarrow{AP}|^2-2\overrightarrow{AP}\cdot\overrightarrow{AB}+|\overrightarrow{AB}|^2$$
> $|\overrightarrow{BP}|=|\overrightarrow{AP}|$ より，$2\overrightarrow{AP}\cdot\overrightarrow{AB}=25$
> $\overrightarrow{AP}\cdot\overrightarrow{AB}=\dfrac{25}{2}$ と求められます！

テーマ 13 | 正射影ベクトルと三角形の垂心！

解答 (1) 直線 OA 上への $\overrightarrow{OB}$ の正射影ベクトル $\overrightarrow{OC}$ は

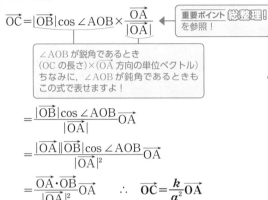

$$\overrightarrow{OC}=|\overrightarrow{OB}|\cos\angle AOB\times\frac{\overrightarrow{OA}}{|\overrightarrow{OA}|}$$

> 重要ポイント **総整理！** を参照！

> ∠AOB が鋭角であるとき
> （OC の長さ）×（$\overrightarrow{OA}$ 方向の単位ベクトル）
> ちなみに，∠AOB が鈍角であるときも
> この式で表せますよ！

$$=\frac{|\overrightarrow{OB}|\cos\angle AOB}{|\overrightarrow{OA}|}\overrightarrow{OA}$$

$$=\frac{|\overrightarrow{OA}||\overrightarrow{OB}|\cos\angle AOB}{|\overrightarrow{OA}|^2}\overrightarrow{OA}$$

$$=\frac{\overrightarrow{OA}\cdot\overrightarrow{OB}}{|\overrightarrow{OA}|^2}\overrightarrow{OA}\qquad\therefore\quad\underline{\overrightarrow{OC}=\frac{k}{a^2}\overrightarrow{OA}}$$

(2) 同様に，直線 OB 上への $\overrightarrow{OA}$ の正射影ベクトル $\overrightarrow{OD}$ は

$$\overrightarrow{OD}=\frac{\overrightarrow{OA}\cdot\overrightarrow{OB}}{|\overrightarrow{OB}|^2}\overrightarrow{OB}\qquad\therefore\quad\overrightarrow{OD}=\frac{k}{b^2}\overrightarrow{OB}$$

ここで，$a=\sqrt{2}$，$b=1$ より

$$\overrightarrow{OC}=\frac{k}{2}\overrightarrow{OA},\ \overrightarrow{OD}=k\overrightarrow{OB}$$

> ∠AOB は直角ではないので $k\neq0$

$\overrightarrow{OH}=u\overrightarrow{OA}+v\overrightarrow{OB}$（$u$, v は実数）とおく。∠AOB は直角ではないので，$k\neq0$ より

$$\overrightarrow{OH}=u\overrightarrow{OA}+v\overrightarrow{OB}=\boxed{u}\overrightarrow{OA}+\boxed{\frac{v}{k}}\overrightarrow{OD}\quad(\because\ k\neq0)$$

> 係数の和が 1

H は直線 AD 上にあるから $\boxed{u}+\boxed{\dfrac{v}{k}}=1$

$$\therefore\quad ku+v=k\quad\cdots\cdots①$$

$$\overrightarrow{OH}=u\overrightarrow{OA}+v\overrightarrow{OB}=\boxed{\frac{2u}{k}}\overrightarrow{OC}+\boxed{v}\overrightarrow{OB}\quad(\because\ k\neq0)$$

> 係数の和が 1

H は直線 BC 上にあるから $\boxed{\dfrac{2u}{k}}+\boxed{v}=1$

$$\therefore\quad 2u+kv=k\quad\cdots\cdots②$$

①×k－② より $(k^2-2)u=k^2-k$

> $k^2-2\neq0$ を確認してから
> $u=\dfrac{k^2-k}{k^2-2}$ と変形して下さいね！

ここで $k=\overrightarrow{OA}\cdot\overrightarrow{OD}=\sqrt{2}\cdot1\cdot\cos\angle AOB$

$0<\angle AOB<\dfrac{\pi}{2}$，$\dfrac{\pi}{2}<\angle AOB<\pi$ より

$-\sqrt{2}<k<0$，$0<k<\sqrt{2}$ であるから $k^2-2\neq0$

よって $u=\dfrac{k^2-k}{k^2-2}$

このとき，① より

$$v=\dfrac{k^2-2k}{k^2-2}$$

別解 $\overrightarrow{AH}\perp\overrightarrow{OB}$ より $\overrightarrow{AH}\cdot\overrightarrow{OB}=0$ であるから ← 上位レベルは，いろいろな解き方を知っておくことが理想です！

$(\overrightarrow{OH}-\overrightarrow{OA})\cdot\overrightarrow{OB}=0$

$\{(u-1)\overrightarrow{OA}+v\overrightarrow{OB}\}\cdot\overrightarrow{OB}=0$

$(u-1)\overrightarrow{OA}\cdot\overrightarrow{OB}+v|\overrightarrow{OB}|^2=0$

$(u-1)k+v=0$ ← $\overrightarrow{OA}\cdot\overrightarrow{OB}=k,\ |\overrightarrow{OB}|=1$ を代入しました！

$\therefore\ \ ku+v=k$ ……①

$\overrightarrow{BH}\perp\overrightarrow{OA}$ より $\overrightarrow{BH}\cdot\overrightarrow{OA}=0$ であるから

$(\overrightarrow{OH}-\overrightarrow{OB})\cdot\overrightarrow{OA}=0$

$\{u\overrightarrow{OA}+(v-1)\overrightarrow{OB}\}\cdot\overrightarrow{OA}=0$

$u|\overrightarrow{OA}|^2+(v-1)\overrightarrow{OA}\cdot\overrightarrow{OB}=0$

$2u+(v-1)k=0$ ← $|\overrightarrow{OA}|=\sqrt{2},\ \overrightarrow{OA}\cdot\overrightarrow{OB}=k$ を代入しました！

$\therefore\ \ 2u+kv=k$ ……②

①×k−② より $(k^2-2)u=k^2-k$

ここで，$k=\overrightarrow{OA}\cdot\overrightarrow{OB}=\sqrt{2}\cdot1\cdot\cos\angle AOB$

$0<\angle AOB<\dfrac{\pi}{2},\ \dfrac{\pi}{2}<\angle AOB<\pi$ より

$-\sqrt{2}<k<0,\ 0<k<\sqrt{2}$ であるから $k^2-2\neq0$

よって $u=\dfrac{k^2-k}{k^2-2}$

このとき，① より

$$v=\dfrac{k^2-2k}{k^2-2}$$

重要ポイント 総整理!

正射影ベクトル

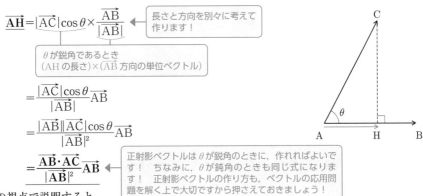

$$\overrightarrow{AH} = |\overrightarrow{AC}| \cos\theta \times \frac{\overrightarrow{AB}}{|\overrightarrow{AB}|}$$

長さと方向を別々に考えて作ります!

θ が鋭角であるとき
(AHの長さ)×($\overrightarrow{AB}$ 方向の単位ベクトル)

$$= \frac{|\overrightarrow{AC}|\cos\theta}{|\overrightarrow{AB}|}\overrightarrow{AB}$$

$$= \frac{|\overrightarrow{AB}||\overrightarrow{AC}|\cos\theta}{|\overrightarrow{AB}|^2}\overrightarrow{AB}$$

$$= \frac{\overrightarrow{AB}\cdot\overrightarrow{AC}}{|\overrightarrow{AB}|^2}\overrightarrow{AB}$$

正射影ベクトルは θ が鋭角のときに,作れればよいです! ちなみに,θ が鈍角のときも同じ式になります! 正射影ベクトルの作り方も,ベクトルの応用問題を解く上で大切ですから押さえておきましょう!

別の視点で説明すると,

点Hは直線 AB 上より,$\overrightarrow{AH} = t\overrightarrow{AB}$ (t は実数)とおける。

$\overrightarrow{AB}\perp\overrightarrow{CH}$ より $\overrightarrow{AB}\cdot\overrightarrow{CH}=0$ であるから

$$\overrightarrow{AB}\cdot(\overrightarrow{AH}-\overrightarrow{AC})=0$$

$$\overrightarrow{AB}\cdot(t\overrightarrow{AB}-\overrightarrow{AC})=0$$

$$t|\overrightarrow{AB}|^2-\overrightarrow{AB}\cdot\overrightarrow{AC}=0 \qquad \therefore\ t=\frac{\overrightarrow{AB}\cdot\overrightarrow{AC}}{|\overrightarrow{AB}|^2} \qquad \therefore\ \overrightarrow{AH}=\frac{\overrightarrow{AB}\cdot\overrightarrow{AC}}{|\overrightarrow{AB}|^2}\overrightarrow{AB}$$

正射影ベクトルが一番効果があるのは,空間上の直線に関する対称点を求める問題です!

xyz 空間上の 2 点 A$(-3,\ -1,\ 1)$,B$(-1,\ 0,\ 0)$ を通る直線 l に点 C$(2,\ 3,\ 3)$ から下ろした垂線の足Hの座標を求めよ。

(京都大)

※ 垂線の足Hとは,直線 l と点Cから下ろした垂線との交点である。

直線 AB 上への $\overrightarrow{AC}$ の正射影ベクトル $\overrightarrow{AH}$ は

$$\overrightarrow{AH} = |\overrightarrow{AC}| \cos\angle CAB \times \frac{\overrightarrow{AB}}{|\overrightarrow{AB}|}$$

(AHの長さ)×($\overrightarrow{AB}$ 方向の単位ベクトル)

$$= \frac{|\overrightarrow{AC}|\cos\angle CAB}{|\overrightarrow{AB}|}\overrightarrow{AB}$$

$$= \frac{|\overrightarrow{AB}||\overrightarrow{AC}|\cos\angle CAB}{|\overrightarrow{AB}|^2}\overrightarrow{AB}$$

$$= \frac{\overrightarrow{AB}\cdot\overrightarrow{AC}}{|\overrightarrow{AB}|^2}\overrightarrow{AB}$$

慣れるまでは,このように導きながら解答をかくとよいです!

ここで,$\overrightarrow{AB}=(2,\ 1,\ -1)$,$\overrightarrow{AC}=(5,\ 4,\ 2)$ であるから

$$\overrightarrow{AB}\cdot\overrightarrow{AC}=2\cdot5+1\cdot4+(-1)\cdot2=12$$

$$|\overrightarrow{AB}|^2 = 2^2 + 1^2 + (-1)^2 = 6$$

よって $\overrightarrow{AH} = \dfrac{12}{6}(2,\ 1,\ -1)$

$= (4,\ 2,\ -2)$

ゆえに $\overrightarrow{OH} = \overrightarrow{OA} + \overrightarrow{AH}$

$= (-3,\ -1,\ 1) + (4,\ 2,\ -2)$

$= (1,\ 1,\ -1)$

∴ **H(1, 1, −1)** ◀── 正射影ベクトルを用いることで，垂線の足
（直線と垂線との交点）の座標が分かります！

直線 l と点 C から下ろした垂線との交点 H の座標を求めることができれば，**直線に関して対称な点の座標**についても簡単に求めることができます。

| 前ページの問題において，点 C の直線 AB に関する対称点 D の座標を求めよ。

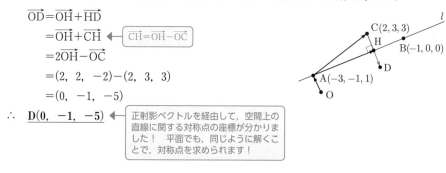

$\overrightarrow{OD} = \overrightarrow{OH} + \overrightarrow{HD}$

$= \overrightarrow{OH} + \overrightarrow{CH}$ ◀── $\boxed{\overrightarrow{CH} = \overrightarrow{OH} - \overrightarrow{OC}}$

$= 2\overrightarrow{OH} - \overrightarrow{OC}$

$= (2,\ 2,\ -2) - (2,\ 3,\ 3)$

$= (0,\ -1,\ -5)$

∴ **D(0, −1, −5)** ◀── 正射影ベクトルを経由して，空間上の
直線に関する対称点の座標が分かりま
した！ 平面でも，同じように解くこ
とで，対称点が求められます！

テーマ **14** | 空間上の2直線の交点の扱い方と等面四面体！

これだけは！ 14

解答 (1) 線分 LP 上の点 S について

$$\overrightarrow{OS}=\overrightarrow{OL}+s\overrightarrow{LP} \quad (0\leqq s\leqq 1)$$

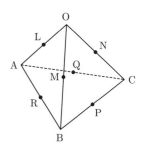

> $\overrightarrow{LS}=s\overrightarrow{LP}\quad(0\leqq s\leqq 1)$ から書き始めてもよいですよ！

$$=\overrightarrow{OL}+s(\overrightarrow{OP}-\overrightarrow{OL})$$

$$=\frac{\vec{a}}{2}+s\left(\frac{\vec{b}+\vec{c}}{2}-\frac{\vec{a}}{2}\right)$$

$$=\frac{1-s}{2}\vec{a}+\frac{s}{2}\vec{b}+\frac{s}{2}\vec{c} \quad \cdots\cdots①$$

線分 MQ 上の点 T について

$$\overrightarrow{OT}=\overrightarrow{OM}+t\overrightarrow{MQ} \quad (0\leqq t\leqq 1)$$

> $\overrightarrow{MT}=t\overrightarrow{MQ}\quad(0\leqq t\leqq 1)$

$$=\overrightarrow{OM}+t(\overrightarrow{OQ}-\overrightarrow{OM})$$

$$=\frac{\vec{b}}{2}+t\left(\frac{\vec{c}+\vec{a}}{2}-\frac{\vec{b}}{2}\right)$$

$$=\frac{t}{2}\vec{a}+\frac{1-t}{2}\vec{b}+\frac{t}{2}\vec{c} \quad \cdots\cdots②$$

線分 NR 上の点 U について

$$\overrightarrow{OU}=\overrightarrow{ON}+u\overrightarrow{NR} \quad (0\leqq u\leqq 1)$$

> $\overrightarrow{NU}=u\overrightarrow{NR}\quad(0\leqq u\leqq 1)$

$$=\overrightarrow{ON}+u(\overrightarrow{OR}-\overrightarrow{ON})$$

$$=\frac{\vec{c}}{2}+u\left(\frac{\vec{a}+\vec{b}}{2}-\frac{\vec{c}}{2}\right)$$

$$=\frac{u}{2}\vec{a}+\frac{u}{2}\vec{b}+\frac{1-u}{2}\vec{c} \quad \cdots\cdots③$$

2点 S，T が一致するとき，①，②において，$\vec{a}$，$\vec{b}$，$\vec{c}$ は1次独立であるから

$$\frac{1-s}{2}=\frac{t}{2},\quad \frac{s}{2}=\frac{1-t}{2},\quad \frac{s}{2}=\frac{t}{2}$$

> $\vec{a}$，$\vec{b}$，$\vec{c}$ が1次独立であるとき，その交点を表すベクトルは，ただ1通りで表せます！ 重要ポイント **総整理**！を参照！

この3式を**すべて**満たすのは $s=t=\dfrac{1}{2}$ （$0\leqq s\leqq 1$, $0\leqq t\leqq 1$ を満たしている。）

$$\therefore \quad \overrightarrow{OS}=\overrightarrow{OT}=\frac{1}{4}(\vec{a}+\vec{b}+\vec{c})$$

また，このとき，③において，$u=\dfrac{1}{2}$ とすると

> ②，③で上と同様に解答を作ってもよいですが，$u=\dfrac{1}{2}$ のときに，$\overrightarrow{OU}=\dfrac{1}{4}(\vec{a}+\vec{b}+\vec{c})$ となるのが見えます！

$$\overrightarrow{OU}=\frac{1}{4}(\vec{a}+\vec{b}+\vec{c})$$

したがって，$s=t=u=\dfrac{1}{2}$ のとき，3点 S, T, U は一致するので，線分 LP, MQ, NR は1点で交わる。 □

別解 線分 LP，MQ，NR の中点を調べる。 ← 図の対称性より，各線分の中点が1点で交わりそう……と予想できますね！

線分 LP 上の中点 S について

$$\overrightarrow{OS}=\frac{\overrightarrow{OL}+\overrightarrow{OP}}{2}=\frac{1}{2}\cdot\frac{1}{2}\vec{a}+\frac{1}{2}\cdot\frac{\vec{b}+\vec{c}}{2}=\frac{1}{4}(\vec{a}+\vec{b}+\vec{c})$$

線分 MQ 上の中点 T について

$$\overrightarrow{OT}=\frac{\overrightarrow{OM}+\overrightarrow{OQ}}{2}=\frac{1}{2}\cdot\frac{1}{2}\vec{b}+\frac{1}{2}\cdot\frac{\vec{c}+\vec{a}}{2}=\frac{1}{4}(\vec{a}+\vec{b}+\vec{c})$$

線分 NR 上の中点 U について

$$\overrightarrow{OU}=\frac{\overrightarrow{ON}+\overrightarrow{OR}}{2}=\frac{1}{2}\cdot\frac{1}{2}\vec{c}+\frac{1}{2}\cdot\frac{\vec{a}+\vec{b}}{2}=\frac{1}{4}(\vec{a}+\vec{b}+\vec{c})$$

よって，3つの中点 S，T，U は一致するので，線分 LP，MQ，NR はこの中点で1点で交わる。 □

(2)　$\vec{p}=\overrightarrow{OP}-\overrightarrow{OL}=\frac{\vec{b}+\vec{c}}{2}-\frac{\vec{a}}{2}=\frac{1}{2}(\vec{b}+\vec{c}-\vec{a})$　……④

$\vec{q}=\overrightarrow{OQ}-\overrightarrow{OM}=\frac{\vec{c}+\vec{a}}{2}-\frac{\vec{b}}{2}=\frac{1}{2}(\vec{c}+\vec{a}-\vec{b})$　……⑤

$\vec{r}=\overrightarrow{OR}-\overrightarrow{ON}=\frac{\vec{a}+\vec{b}}{2}-\frac{\vec{c}}{2}=\frac{1}{2}(\vec{a}+\vec{b}-\vec{c})$　……⑥

⑤＋⑥，④＋⑥，④＋⑤ より

$$\vec{a}=\vec{q}+\vec{r},\quad \vec{b}=\vec{r}+\vec{p},\quad \vec{c}=\vec{p}+\vec{q}$$

> $\vec{p}$，$\vec{q}$，$\vec{r}$ が互いに直交するとき，(2)より $\vec{a}$，$\vec{b}$，$\vec{c}$ は，この直方体の各面の対角線を表すベクトルになっています！　四面体 OABC は，各面が合同であるから，等面四面体です！
> **重要ポイント 総整理！** を参照！

(3)　直線 LP，MQ，NR，すなわち，$\vec{p}$，$\vec{q}$，$\vec{r}$ が互いに直交するとき，(2)より，四面体 OABC を，O から $\vec{p}$，$\vec{q}$，$\vec{r}$ を張って作る直方体に埋め込むことができる。 ←

$\overrightarrow{AX}=\vec{p}$ であるから，X は図の直方体の頂点にある。

よって，**四面体 XABC の体積**は

$$\frac{1}{3}\cdot\left(\frac{1}{2}|\vec{p}||\vec{q}|\right)\cdot|\vec{r}|=\frac{1}{6}|\vec{p}||\vec{q}||\vec{r}|$$

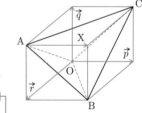

また，**四面体 OABC の体積は**，直方体の体積から四隅の合同な四面体を切り取った体積であるから，求める体積は ←

$$|\vec{p}||\vec{q}||\vec{r}|-4\cdot\frac{1}{6}|\vec{p}||\vec{q}||\vec{r}|=\frac{1}{3}|\vec{p}||\vec{q}||\vec{r}|$$

> 等面四面体の体積は，直方体への埋め込みを考えて求めます！

重要ポイント 総整理!

空間上の2直線の交点の扱い方

　空間ベクトルにおいて，直線 AB と直線 CD の交点 X をどう捉えるかを確認しておきます。まず，空間ベクトルの場合，基準となる**1次独立な3つのベクトル（基底ベクトル）を用意**します。**X は直線 AB 上にあることに着目**して，$\overrightarrow{OX}$ を1次独立な3つの基底ベクトルで表します。さらに，**X は直線 CD 上にあることに着目**して，$\overrightarrow{OX}$ を1次独立な3つの基底ベクトルで表します。

　ここで，3つの基底ベクトルの1次独立性より，$\overrightarrow{OX}$ の表し方は，ただ1通りしかないので，係数比較をすることで，交点 X を捉えます。

　また，平面 A′B′C′ と直線 OD′ との交点 X′ について，係数の和が1に着目した解答が書きにくい場合も，3つの基底ベクトルの1次独立性より，$\overrightarrow{OX'}$ の一意性から，係数比較して，交点 X′ を捉えます。

　四面体 OABC において，辺 OA の中点を P，辺 BC を $2:1$ に内分する点を Q，辺 OC を $1:3$ に内分する点を R，辺 AB を $s:(1-s)$ に内分する点を S とする。ただし，$0<s<1$ とする。また，$\overrightarrow{OA}=\vec{a}$，$\overrightarrow{OB}=\vec{b}$，$\overrightarrow{OC}=\vec{c}$ とおくとき，次の問いに答えよ。

(1) $\overrightarrow{PQ}$ を $\vec{a}$，$\vec{b}$ および $\vec{c}$ で表せ。

(2) $\overrightarrow{RS}$ を $\vec{a}$，$\vec{b}$，$\vec{c}$ および s で表せ。

(3) 線分 PQ と線分 RS が交わるときの s の値を求めよ。　　　　（岩手大）

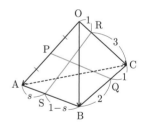

(1)　　$\overrightarrow{PQ}=\overrightarrow{OQ}-\overrightarrow{OP}$

$$=\frac{1\cdot\vec{b}+2\vec{c}}{2+1}-\frac{1}{2}\vec{a}$$

$$=-\frac{1}{2}\vec{a}+\frac{1}{3}\vec{b}+\frac{2}{3}\vec{c}$$

(2)　　$\overrightarrow{RS}=\overrightarrow{OS}-\overrightarrow{OR}$

$$=(1-s)\vec{a}+s\vec{b}-\frac{1}{4}\vec{c}$$

(3)　線分 PQ と線分 RS の交点を T とする。

　　T は線分 PQ 上にあるから，(1)より

$$\overrightarrow{OT}=\overrightarrow{OP}+t\overrightarrow{PQ} \quad (0\leqq t\leqq1) \quad \longleftarrow \boxed{\overrightarrow{PT}=t\overrightarrow{PQ} \quad (0\leqq t\leqq1)}$$

$$=\frac{1}{2}(1-t)\vec{a}+\frac{1}{3}t\vec{b}+\frac{2}{3}t\vec{c} \quad \cdots\cdots①$$

　　また，T は線分 RS 上にあるから，(2)より

$$\overrightarrow{OT}=\overrightarrow{OR}+u\overrightarrow{RS} \quad (0\leqq u\leqq1) \quad \longleftarrow \boxed{\overrightarrow{RT}=u\overrightarrow{RS} \quad (0\leqq u\leqq1)}$$

$$=u(1-s)\vec{a}+us\vec{b}+\frac{1}{4}(1-u)\vec{c} \quad \cdots\cdots②$$

①, ②において, $\vec{a}$, $\vec{b}$, $\vec{c}$ は1次独立であるから ◀

> $\vec{a}$, $\vec{b}$, $\vec{c}$ が一次独立であるとき, $\overrightarrow{OT}$ はただ1通りで表せます!

$$\frac{1}{2}(1-t)=u(1-s) \quad \cdots\cdots③$$

$$\frac{1}{3}t=us \quad \cdots\cdots④$$

$$\frac{2}{3}t=\frac{1}{4}(1-u) \quad \cdots\cdots⑤$$

③, ④, ⑤を解くと $t=\dfrac{1}{5}$, $u=\dfrac{7}{15}$, $s=\dfrac{1}{7}$ ◀

> ③+④ より $\dfrac{1}{2}-\dfrac{1}{6}t=u$
> これと⑤を連立すると, t と u が求まります!

(これらは, $0<s<1$, $0\leqq t\leqq 1$, $0\leqq u\leqq 1$ を満たしている。)

等面四面体

4つの面がどれも合同な四面体を**等面四面体**といいます。等面四面体で, 代表的なものが正四面体ですが, **正四面体は立方体に埋め込むことができるのは有名な事実ですよね。実は, 等面四面体は, 直方体に埋め込むことができます!** このとき, 等面四面体の体積は, この直方体の体積から四隅の合同な四面体を切り取った体積になります! この等面四面体の体積の求め方が文系の難関大でよく出題されます。

次の問題で確認しましょう!

> 四面体 ABCD は, 4つの面のどれも3辺の長さが 7, 8, 9 の三角形である。この四面体 ABCD の体積は $\boxed{}$ である。
>
> (早稲田大)

等面四面体 ABCD を3辺の長さが x, y, z である直方体に埋め込むことを考える。

三平方の定理より

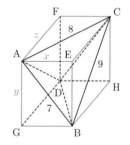

$$x^2+y^2=49 \quad \cdots\cdots①$$

$$x^2+z^2=64 \quad \cdots\cdots②$$

$$y^2+z^2=81 \quad \cdots\cdots③$$

$\dfrac{①+②+③}{2}$ より

$$x^2+y^2+z^2=97 \quad \cdots\cdots④$$

④－③ より $x^2=16$

④－② より $y^2=33$

④－① より $z^2=48$

$x>0$, $y>0$, $z>0$ より $x=4$, $y=\sqrt{33}$, $z=4\sqrt{3}$

このとき, 等面四面体 ABCD を直方体に埋め込むことができる。

等面四面体 ABCD の体積は, 直方体の体積から四隅の合同な四面体 ABCE, BCDH, ACDF, ABDG を切り取った体積であるから, 求める体積は ◀

> 等面四面体の体積は直方体への埋め込みを用います! これに気付かないと体積を求めるのは厳しいですね!

$$xyz - 4 \times \left\{ \frac{1}{3} \cdot \left(\frac{1}{2} \cdot xy \right) \cdot z \right\} = \frac{1}{3} xyz$$

$$= \frac{1}{3} \cdot 4 \cdot \sqrt{33} \cdot 4\sqrt{3}$$

$$= \mathbf{16\sqrt{11}}$$

各面が合同な**鋭角三角形**のときに，等面四面体が存在します。この証明問題も触れておきましょう！

> △ABC は鋭角三角形とする。このとき，各面すべてが △ABC と合同な四面体が存在することを示せ。
>
> （京都大）

BC$=a$，CA$=b$，AB$=c$ とおく。

等面四面体 ABCD を3辺の長さが x, y, z である直方体に埋め込むことができるかについて考える。

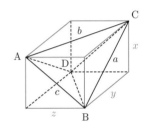

△ABC は**鋭角三角形**であるから

$$a^2 + b^2 > c^2 \quad \cdots\cdots ①$$
$$b^2 + c^2 > a^2 \quad \cdots\cdots ②$$
$$c^2 + a^2 > b^2 \quad \cdots\cdots ③$$

が成り立つ。

このとき，**これらを満たす任意の a, b, c に対して，等面四面体 ABCD を埋め込むことができる直方体が存在すること，すなわち，正の数 x, y, z が存在すること**を示せばよい。

三平方の定理より

$$x^2 + y^2 = a^2 \quad \cdots\cdots ④$$
$$y^2 + z^2 = b^2 \quad \cdots\cdots ⑤$$
$$z^2 + x^2 = c^2 \quad \cdots\cdots ⑥$$

$\dfrac{④+⑤+⑥}{2}$ より

$$x^2 + y^2 + z^2 = \frac{a^2 + b^2 + c^2}{2} \quad \cdots\cdots ⑦$$

⑦$-$⑤ より　$x^2 = \dfrac{c^2 + a^2 - b^2}{2}$　さらに，③より　$x = \sqrt{\dfrac{c^2 + a^2 - b^2}{2}} \ (>0)$

⑦$-$⑥ より　$y^2 = \dfrac{a^2 + b^2 - c^2}{2}$　さらに，①より　$y = \sqrt{\dfrac{a^2 + b^2 - c^2}{2}} \ (>0)$

⑦$-$④ より　$z^2 = \dfrac{b^2 + c^2 - a^2}{2}$　さらに，②より　$z = \sqrt{\dfrac{b^2 + c^2 - a^2}{2}} \ (>0)$

よって，正の数 x, y, z が存在するので，3辺の長さが x, y, z である直方体も存在する。
以上より，各面すべてが鋭角三角形 ABC と合同な四面体が存在する。　　□

これだけは！ 15

解答 (1) 正四面体 ABCD の 1 辺の長さを a とする。

この正四面体 ABCD を 1 辺の長さ $\dfrac{a}{\sqrt{2}}$ の立方体に埋め込む。

正四面体 ABCD の体積 V は

$$V=\left(\frac{a}{\sqrt{2}}\right)^3-4\cdot\frac{1}{3}\cdot\left(\frac{1}{2}\cdot\frac{a}{\sqrt{2}}\cdot\frac{a}{\sqrt{2}}\right)\cdot\frac{a}{\sqrt{2}}$$

$$=\frac{\sqrt{2}}{12}a^3$$

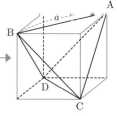

> 正四面体 (等面四面体) の体積は、立方体への埋め込みを用いると、圧倒的に簡単に求まります！

内接球の中心を I とすると，**4 つの合同な四面体 IBCD，IABC，IABD，IACD の体積の和が体積 V であるから**

$$4\cdot\frac{1}{3}\cdot\left(\frac{1}{2}\cdot a\cdot a\cdot\sin 60°\right)\cdot 1=\frac{\sqrt{3}}{3}a^2$$

$$\frac{\sqrt{3}}{3}a^2=\frac{\sqrt{2}}{12}a^3 \qquad \therefore \quad a=2\sqrt{6}$$

よって，正四面体の 1 辺の長さは **$2\sqrt{6}$**

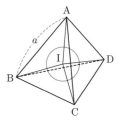

> 三角形の内接円の半径は，三角形の面積の分割で求まります！ 同様に考えると，四面体の内接球の半径は，四面体の体積の分割で求まります！

別解 正四面体 ABCD の 1 辺の長さを a とする。

頂点 A から平面 BCD に垂線 AH を下ろす。

辺 CD の中点を M とすると，△BCM において

$$BM=\frac{\sqrt{3}}{2}a \quad \longleftarrow \text{△BCM は，30°，60°，90°の直角三角形です！}$$

H は △BCD の重心であるから

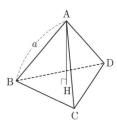

> 正四面体 (等脚四面体) なので，△ABH≡△ACH≡△ADH ですから BH=CH=DH になりますね！ これより，H は △BCD の外心として，△BCD で正弦定理を用いて求めてもよいですよ！

$$BH=\frac{2}{3}BM$$

$$=\frac{2}{3}\cdot\frac{\sqrt{3}}{2}a$$

$$=\frac{\sqrt{3}}{3}a$$

> 重心 H は中線 BM を 2：1 に内分する点ですね！

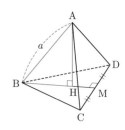

△ABH で**三平方の定理**より

$$AH^2=AB^2-BH^2=a^2-\left(\frac{\sqrt{3}}{3}a\right)^2=\frac{2}{3}a^2$$

$AH>0$ より $AH=\dfrac{\sqrt{6}}{3}a$

正四面体 ABCD の体積 V は

$$V = \frac{1}{3} \cdot \triangle BCD \cdot AH$$

$$= \frac{1}{3} \cdot \left(\frac{1}{2} \cdot a \cdot a \cdot \sin 60°\right) \cdot \frac{\sqrt{6}}{3}a$$

$$= \frac{\sqrt{2}}{12}a^3$$

内接球の中心を I とすると，**4 つの合同な四面体 IBCD，IABC，IABD，IACD の体積の和が体積 V である**から ◀

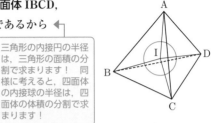

三角形の内接円の半径は，三角形の面積の分割で求まります！ 同様に考えると，四面体の内接球の半径は，四面体の体積の分割で求まります！

$$4 \cdot \frac{1}{3} \cdot \left(\frac{1}{2} \cdot a \cdot a \cdot \sin 60°\right) \cdot 1 = \frac{\sqrt{3}}{3}a^2$$

$$\frac{\sqrt{3}}{3}a^2 = \frac{\sqrt{2}}{12}a^3 \qquad \therefore \quad a = 2\sqrt{6}$$

よって，正四面体の 1 辺の長さは　$\underline{2\sqrt{6}}$

(2)　正四面体 ABCD の 1 辺の長さを b とする。

辺 AB，辺 CD の中点をそれぞれ M，N とすると，AC＝BC，AD＝BD より CM⊥AB，DM⊥AB

$\therefore \quad \triangle$CDM⊥AB

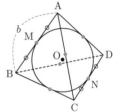

OA＝OB より O は 2 点 A，B から等距離にあるので，O は辺 AB の垂直二等分面上，すなわち平面 CDM 上にあります！

重要ポイント 総整理！ を参照！

よって，辺 AB の垂直二等分面が平面 CDM である。

これより，球の中心を O とすると，◀
O は平面 CDM 上にある。

同様に，辺 CD の垂直二等分面が平面 ABN である。

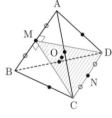

OC＝OD より O は 2 点 C，D から等距離にあるので，O は辺 CD の垂直二等分面上，すなわち平面 ABN 上にあります！

これより，O は平面 ABN 上にある。

したがって，O は平面 CDM と平面 ABN の交線 MN 上にある。

また，OM⊥AB，ON⊥CD より，**線分 MN は球の直径とな**るから ◀ 接点を通る半径と球の接線は垂直で，O は MN 上より！

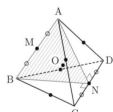

$$MN = 2$$

$\triangle$BCN において　$BN = \frac{\sqrt{3}}{2}b$ ◀ 30°，60°，90° の直角三角形！

また，$BM = \frac{1}{2}AB = \frac{1}{2}b$ であるから，

$\triangle$MNB で**三平方の定理**より

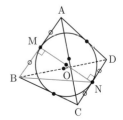

$$\left(\frac{1}{2}b\right)^2 + 2^2 = \left(\frac{\sqrt{3}}{2}b\right)^2$$

$b > 0$ より　$b = 2\sqrt{2}$

よって，正四面体の 1 辺の長さは　$\underline{2\sqrt{2}}$

別解 正四面体 ABCD の 1 辺の長さを b とする。この正四

面体を，1 辺の長さが $\dfrac{b}{\sqrt{2}}$ の立方体に埋め込むことを考える。◀

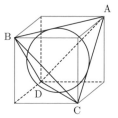

このとき，**正四面体のすべての辺に接する球の半径は，立方体に内接する球の半径と一致**する。

この立方体の内接球の直径は，立方体の 1 辺の長さの $\dfrac{b}{\sqrt{2}}$

であり，この球の半径が 1 であるから

$$\frac{b}{\sqrt{2}}=2 \qquad \therefore \quad b=2\sqrt{2}$$

よって，正四面体の 1 辺の長さは $\underline{2\sqrt{2}}$

> 正四面体（等面四面体）のすべての辺に接する球は，立方体への埋め込みを用いると，圧倒的に簡単に求まります！

重要ポイント 総整理！

球が絡む空間図形問題

球が絡む図形問題では，**球の中心はどの断面にあるのか**を突き止めなければなりません。対称性を意識して，球の中心や半径を含む平面(断面)を2つ探します。平面(断面)を2つ探すことができれば，球の中心はその2つの平面(断面)の交線上に存在することになります。その後は，三平方の定理などを繰り返すことで，問題が解けるように作られています。問題によっては，前回のテーマ14で学んだ**直方体への埋め込み**を使うのも手です。ただ，直方体に埋め込めない場合もあるので，前者も必ずマスターしておきましょう！

半径 r の球面上に異なる4点 A，B，C，D がある。
$$AB=CD=\sqrt{2}, \quad AC=AD=BC=BD=\sqrt{5}$$
であるとき，r を求めよ。

(早稲田大)

辺 AB，辺 CD の中点をそれぞれ M，N とし，球の中心を O とする。

$AC=BC$，$AD=BD$ より
$$CM \perp AB, \quad DM \perp AB$$
∴ $\triangle CDM \perp AB$

よって，辺 AB の垂直二等分面が平面 CDM である。

これより，O は平面 CDM 上にある。 ◀

同様に，辺 CD の垂直二等分面が平面 ABN である。

これより，O は平面 ABN 上にある。 ◀

したがって，**O は平面 CDM と平面 ABN の交線 MN 上にある。**

△AND で**三平方の定理**より
$$AN^2=AD^2-DN^2$$
$$=(\sqrt{5})^2-\left(\frac{\sqrt{2}}{2}\right)^2$$
$$=\frac{9}{2}$$
∴ $AN=\sqrt{\dfrac{9}{2}}$ (>0)

△AMN で**三平方の定理**より
$$MN^2=AN^2-AM^2$$

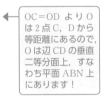

OA＝OB よりO は2点 A，B から等距離にあるので，O は辺 AB の垂直二等分面上，すなわち平面 CDM 上にあります！

OC＝OD よりO は2点 C，D から等距離にあるので，O は辺 CD の垂直二等分面上，すなわち平面 ABN 上にあります！

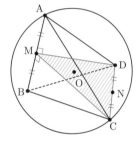

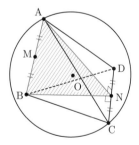

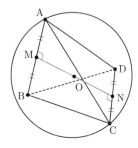

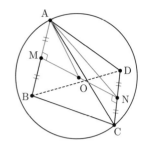

$$= \frac{9}{2} - \left(\frac{\sqrt{2}}{2}\right)^2$$
$$= 4$$

∴ MN = 2 (>0)

△AMO で三平方の定理より

$$OM^2 = OA^2 - AM^2$$
$$= r^2 - \left(\frac{\sqrt{2}}{2}\right)^2$$
$$= r^2 - \frac{1}{2}$$

∴ $OM = \sqrt{r^2 - \frac{1}{2}}$ (>0)

同様にして ON = $\sqrt{r^2 - \frac{1}{2}}$

よって，OM+ON=MN であるから

$$2\sqrt{r^2 - \frac{1}{2}} = 2$$
$$r^2 = \frac{3}{2}$$

∴ $r = \frac{\sqrt{6}}{2}$ (>0)

別解 四面体 ABCD を 3 辺の長さが x, x, y である直方体に

埋め込むことを考える。◀── この問題の四面体 ABCD は 直方体に埋め込めます！

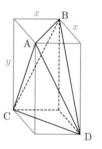

三平方の定理より

$$x^2 + x^2 = (\sqrt{2})^2 \qquad x^2 + y^2 = (\sqrt{5})^2$$

$x=1$, $y=2$ のとき，埋め込むことができる。

このとき，四面体 ABCD に外接する球の半径 r は，この直方体

に外接する球の半径と一致する。

この外接球の直径は，直方体の対角線の長さで

$$\sqrt{1^2 + 1^2 + 2^2} = \sqrt{6}$$

よって，求める半径 r は $r = \frac{\sqrt{6}}{2}$

テーマ **16** 注意すべき軌跡の同値性！ 実数条件を忘れるな！

これだけは！ **16**

解答 (1) $A(a, a^2)$, $B(b, b^2)$ とおくと

$$t=\overrightarrow{OA}\cdot\overrightarrow{OB}$$
$$=(a, a^2)\cdot(b, b^2)$$
$$=ab+a^2b^2$$
$$=\left(ab+\frac{1}{2}\right)^2-\frac{1}{4} \quad \leftarrow \boxed{ab \text{ をかたまりと見ました！}}$$

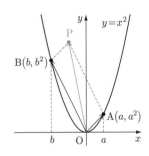

ab は任意の実数値をとりうるので $\quad t\geqq -\dfrac{1}{4}$

(2) $\overrightarrow{OP}=(x, y)$ とおく。

$$\overrightarrow{OP}=\overrightarrow{OA}+\overrightarrow{OB}$$
$$=(a, a^2)+(b, b^2)$$
$$=(a+b, a^2+b^2)$$

$\therefore \quad x=a+b, \quad y=a^2+b^2$ $\leftarrow$ $\boxed{\begin{array}{l}\text{「}a, b \text{ が実数} \Longleftrightarrow a+b, a^2+b^2 \text{ が実数」}\\ \text{ではないので，実数条件を付け加えます！}\\ \boxed{\text{重要ポイント}} \text{ 総整理！ を参照！}\end{array}}$

$a^2+b^2=(a+b)^2-2ab$ より

$$y=x^2-2ab \quad \cdots\cdots ①$$

$\therefore \quad ab=\dfrac{x^2-y}{2}$

よって，a, b は，X の 2 次方程式 $X^2-(a+b)X+ab=0$ すなわち

$X^2-xX+\dfrac{x^2-y}{2}=0 \quad \cdots\cdots②$ の実数解であるから，②の判別式 D について $\quad D\geqq 0$

$$(-x)^2-4\cdot\frac{x^2-y}{2}\geqq 0$$

$\therefore \quad y\geqq \dfrac{1}{2}x^2 \quad \cdots\cdots③$

$t=2$ のとき

$$a^2b^2+ab=2 \quad \leftarrow \boxed{\because (1)}$$
$$(ab-1)(ab+2)=0 \quad \leftarrow \boxed{ab \text{ をかたまりと見ました！}}$$

$\therefore \quad ab=1, \ -2$

(i) $ab=1$ のとき

　　$ab=1$, $x=a+b$, $y=a^2+b^2$ を満たす実数 a, b が存在すれば，点 $P(x, y)$ が存在する。

$\Longleftrightarrow ab=1$, $x=a+b$, $y=x^2-2ab$ を満たす実数 a, b が存在すればよい。

$(\because$ ①$)$

$\Longleftrightarrow ab=1$, $x=a+b$, $y=x^2-2$ を満たす実数 a, b が存在すればよい。

$\Longleftrightarrow y\geqq\dfrac{1}{2}x^2$, $y=x^2-2$ が成り立てばよい。 $(\because$ ③$)$

$\Longleftrightarrow y=x^2-2$ $(x\leqq-2,\ 2\leqq x)$ が成り立てばよい。

よって，点Pの軌跡は，放物線 $y=x^2-2$ $(x\leqq-2,\ 2\leqq x)$

(ii) $ab=-2$ のとき

$ab=-2$, $x=a+b$, $y=a^2+b^2$ を満たす実数 a, b が存在すれば，点 $P(x,\ y)$ が存在する。

$\Longleftrightarrow ab=-2$, $x=a+b$, $y=x^2-2ab$ を満たす実数 a, b が存在すればよい。

$(\because$ ①$)$

$\Longleftrightarrow ab=-2$, $x=a+b$, $y=x^2+4$ を満たす実数 a, b が存在すればよい。

$\Longleftrightarrow y\geqq\dfrac{1}{2}x^2$, $y=x^2+4$ が成り立てばよい。 $(\because$ ③$)$

$\Longleftrightarrow y=x^2+4$ $(x$ は任意の実数$)$ が成り立てばよい。

よって，点Pの軌跡は，放物線 $y=x^2+4$

以上より

$y=x^2-2$ $(x\leqq-2,\ 2\leqq x)$

$y=x^2+4$ $(x$ は任意の実数$)$

よって，点Pの軌跡は，図のようになる。

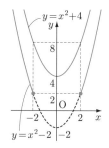

重要ポイント 総整理！

注意すべき軌跡の同値性

「x, y が実数である $\iff x+y, xy$ が実数である」は正しいでしょうか？ 「x, y が実数である $\implies x+y, xy$ が実数である」の命題は真ですが，「**x, y が実数である $\impliedby x+y$, xy が実数である**」**の命題は偽**ですので，同値にはなりません！

例えば，$x+y=1, xy=1$ となる実数 x, y は存在しません。実際に，**x, y は X の 2 次方程式 $X^2-(x+y)X+xy=0$ すなわち $X^2-X+1=0$ の実数解**ですが，この方程式を解いてみると，$X=\dfrac{1\pm\sqrt{3}\,i}{2}$ になり，確かに実数になりませんね。このことを加味すると，

$x+y, xy$ が実数であるとき，x, y が実数であるためには，上の 2 次方程式 $X^2-(x+y)X+xy=0$ の判別式 D について，D が 0 以上であるという実数条件を付け加えなければなりません。実数条件を加えて，はじめて同値になります。

軌跡の問題を解くうえで重要なのは，

与えられた条件を繰り返し同値変形していく

ことです！ 同値変形していかないと，余分な部分も答えとして出てきてしまうので，注意して変形しなければなりません。

次の問題で，基本を確認しましょう！

> 実数 x, y が $x^2+y^2\leqq1$ を満たしながら変化するとする。$s=x+y, t=xy$ とするとき，点 (s, t) の動く範囲を st 平面上に図示せよ。

$x^2+y^2\leqq1$ より $(x+y)^2-2xy\leqq1$

$\therefore\ s^2-2t\leqq1$ ……① ← 「x, y が実数 $\iff x+y, xy$ が実数」 ではないので，実数条件を付け加えます！

また，x, y は，X の 2 次方程式 $X^2-(x+y)X+xy=0$ すなわち

$X^2-sX+t=0$ ……② の実数解であるから，方程式②の判別式 D について $D\geqq0$

$\therefore\ s^2-4t\geqq0$ ……③

$x^2+y^2\leqq1, s=x+y, t=xy$ を満たす実数 x, y が存在すれば，点 (s, t) が存在する。

$\iff s^2-2t\leqq1, s=x+y, t=xy$ を満たす実数 x, y が存在すればよい。 （$\because$ ①）

$\iff s^2-2t\leqq1, s^2-4t\geqq0$ が成り立てばよい。 （$\because$ ③）

以上より，点 (s, t) の動く範囲は

$$\dfrac{1}{2}s^2-\dfrac{1}{2}\leqq t\leqq\dfrac{1}{4}s^2$$

よって，求める範囲は図の斜線部分。ただし，**境界線を含む**。

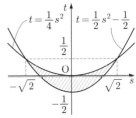

　応用問題として，**対称式のとりうる値の範囲**を求める問題があります。**対称式は，基本対称式で表せる**ことから，$x+y$, xy でおきかえて（**変数変換して**），問題を解きますが，このときも，**実数条件を忘れてはいけません！**

> 実数 x, y が条件 $x^2+xy+y^2=6$ を満たしながら動くとき
> $x^2y+xy^2-x^2-2xy-y^2+x+y$ がとりうる値の範囲を求めよ。
> (京都大)

$x+y=s$, $xy=t$ とおく。

$x^2+xy+y^2=6$ より

$\quad (x+y)^2-xy=6$

$\quad s^2-t=6$

$\therefore \quad t=s^2-6$ ……①

また，x, y は，X の2次方程式 $X^2-(x+y)X+xy=0$ すなわち

$X^2-sX+t=0$ ……② の実数解であるから，方程式②の判別式Dについて　$D\geqq0$ ←

$\quad (-s)^2-4t\geqq0$

> $x+y=s$, $xy=t$ の変数変換では，実数条件を忘れずに！

$\therefore \quad s^2-4t\geqq0$ ……③

①を③に代入すると　$s^2-4(s^2-6)\geqq0$

$\quad s^2-8\leqq0$

$\therefore \quad -2\sqrt{2}\leqq s\leqq2\sqrt{2}$ ……④

また　$x^2y+xy^2-x^2-2xy-y^2+x+y$

$\quad =xy(x+y)-(x+y)^2+(x+y)$

$\quad =ts-s^2+s$

$\quad =(s^2-6)s-s^2+s$ ←

> ①を用いて t を消去し，1変数化をはかります！　この式を④の範囲で考えていきます！

$\quad =s^3-s^2-5s$

$f(s)=s^3-s^2-5s$ とおくと

$\quad f'(s)=3s^2-2s-5=(s+1)(3s-5)$

$-2\sqrt{2}\leqq s\leqq2\sqrt{2}$ における $f(s)$ の増減表は

s	$-2\sqrt{2}$	$\cdots$	-1	$\cdots$	$\dfrac{5}{3}$	$\cdots$	$2\sqrt{2}$
$f'(s)$		$+$	0	$-$	0	$+$	
$f(s)$	$-8-6\sqrt{2}$	↗	3	↘	$-\dfrac{175}{27}$	↗	$-8+6\sqrt{2}$

ここで

$\quad -8-6\sqrt{2}<-\dfrac{175}{27} \left(\because \quad -7<-\dfrac{175}{27}<-6\right)$

$\quad -8+6\sqrt{2}<3 \left(\because \quad -8+6\sqrt{2}<-8+9=1\right)$

に注意すると　$\underline{-8-6\sqrt{2}\leqq x^2y+xy^2-x^2-2xy-y^2+x+y\leqq3}$

テーマ **17** ┃ 2段階処理法と軌跡の融合問題！

これだけは！ 17

解答 (1) $f(x, y)=|x|+|y|$ とおく。

$x≧0$, $y≧0$ のとき

$$|x|+|y|≦1$$
$$x+y≦1$$
$$∴ \quad y≦-x+1$$

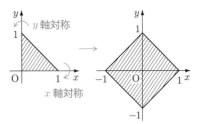

$f(-x, y)=|-x|+|y|=|x|+|y|=f(x, y)$ よ

り，**領域Dはy軸に関して対称**。

$f(x, -y)=|x|+|-y|=|x|+|y|=f(x, y)$ より，**領域Dはx

軸に関して対称**。

よって，**領域Dは右上図の斜線部分**。ただし，**境界線を含む**。

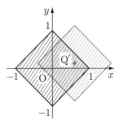

次に，$\overrightarrow{OQ'}=-\overrightarrow{OQ}$ とおくと，点 Q' も領域Dを動く。

$$\overrightarrow{OR}=\overrightarrow{OP}+\overrightarrow{OQ'}$$

まず，**点 Q' を固定して考える**。◄━━━

> 2点P，Q'が独立に動くので，どちらかを固定して一方のみを動かします！

点Rは，**点Pが動く領域Dを $\overrightarrow{OQ'}$**

だけ平行移動した正方形の内部およびその周上を動く。

この状態を維持したまま，**点 Q' の固定を解除して領域Dを動**

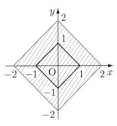

かす。◄━ 固定した方を動かします！

このとき，**点Rが動く領域Eは右図の斜線部分**。ただし，**境界線を含む**。

(2) $\overrightarrow{OA}=(a, b)$ とおく。

領域Fは，**領域Dを $\overrightarrow{OA}$ だけ平行移動した正方形の内部および**

その周上を動く。

点 S，T が領域Fを動くとき，$\overrightarrow{AS}=\overrightarrow{OP}$，$\overrightarrow{AT}=\overrightarrow{OQ}$ とおくと，

点 P，Q が領域Dを動く。このとき

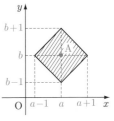

$$\begin{aligned}
\overrightarrow{OU}&=\overrightarrow{OS}-\overrightarrow{OT}\\
&=(\overrightarrow{OS}-\overrightarrow{OA})-(\overrightarrow{OT}-\overrightarrow{OA})\\
&=\overrightarrow{AS}-\overrightarrow{AT}\\
&=\overrightarrow{OP}-\overrightarrow{OQ}\\
&=\overrightarrow{OR}
\end{aligned}$$

よって，**点Uが動く領域Gと点Rが動く領域Eは一致する**。 □

重要ポイント **総整理!**

2段階処理法と軌跡の融合問題

複数のものが独立に動く場合は，テーマ1で扱った独立2変数関数の問題のアプローチ方法と全く同様に考えます。2つのものが独立に動く場合は，

　　一方を固定し，もう一方のみを動かして考え，その後，固定していた方を動かして

全体をとらえます。2つのものを同時に動かさないことがポイントになります！

次の問題は，ベクトルを絡めた軌跡の融合問題です。軌跡の問題を解くうえで重要なのは，

　　　　　　　　与えられた条件を繰り返し同値変形していく

ことです！　同値変形していかないと，余分な部分も答えとして出てきてしまうので，注意して変形しなければなりません！

> 放物線 $y=x^2$ のうち $-1\leqq x\leqq 1$ を満たす部分を C とする。座標平面上の原点 O と点 $A(1, 0)$ を考える。
>
> (1)　点 P が C 上を動くとき，$\overrightarrow{OQ}=2\overrightarrow{OP}$ を満たす点 Q の軌跡を求めよ。
>
> (2)　点 P が C 上を動き，点 R が線分 OA 上を動くとき，$\overrightarrow{OS}=2\overrightarrow{OP}+\overrightarrow{OR}$ を満たす点 S が動く領域を座標平面上に図示し，その面積を求めよ。　　　　（東京大）

(1)　$Q(x, y)$，$P(p, q)$ とする。

　　点 P は C 上を動くから　$q=p^2$，$-1\leqq p\leqq 1$ ◀── | p の範囲も忘れずに！ |

　　$\overrightarrow{OQ}=2\overrightarrow{OP}$ より　$(x, y)=2(p, q)$

　　$\therefore$　$x=2p$，$y=2q$

　　$q=p^2$，$-1\leqq p\leqq 1$，$x=2p$，$y=2q$ **を満たす実数 p，q が存在すればよい。** ◀

| 同値変形していきましょう！　最終的にパラメーター p，q が消えるように変形します！ |

　　$\Longleftrightarrow q=p^2$，$-1\leqq p\leqq 1$，$p=\dfrac{x}{2}$，$q=\dfrac{y}{2}$ を満たす実数 p，q が存在すればよい。

　　$\Longleftrightarrow \dfrac{y}{2}=\dfrac{x^2}{4}$，$-1\leqq \dfrac{x}{2}\leqq 1$，$p=\dfrac{x}{2}$，$q=\dfrac{y}{2}$ を満たす実数 p，q が存在すればよい。

　　$\Longleftrightarrow y=\dfrac{x^2}{2}$，$-2\leqq x\leqq 2$ が成立すればよい。

　　よって，点 Q の軌跡は

| 2点 P，R が独立に動くので，どちらかを固定して一方のみを動かします！ |

　　放物線 $y=\dfrac{x^2}{2}$ （$-2\leqq x\leqq 2$）

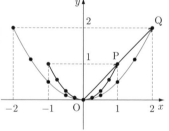

(2)　まず，点 $P(p, q)$ を固定して考える。 ◀

　　このとき，$\overrightarrow{OS}=2\overrightarrow{OP}+\overrightarrow{OR}=\overrightarrow{OQ}+\overrightarrow{OR}$ を満たす点

　　S は，2点 $Q(2p, 2q)$，$T(2p+1, 2q)$ を結ぶ線分 QT

　　上を動く。

　　この状態を維持したまま，点 $P(p, q)$ の固定を解除し C 上を動くとき，点 $Q(2p, 2q)$ の

　　軌跡は，(1)より

放物線 $y=\dfrac{x^2}{2}$ $(-2\leqq x\leqq2)$

点 T$(2p+1,\ 2q)$ の軌跡は，$\overrightarrow{\mathrm{OT}}=\overrightarrow{\mathrm{OQ}}+(1,\ 0)$ より

放物線 $y=\dfrac{(x-1)^2}{2}$ $(-1\leqq x\leqq3)$

よって，点Sが動く領域は右下図の斜線部分。ただ

し，<u>**境界線を含む**</u>。 ◀ 固定した方を動かします！

求める**面積**は，対称性より

$$2\left\{\int_{\frac{1}{2}}^{2}\dfrac{x^2}{2}dx+1\cdot2-\int_{1}^{3}\dfrac{(x-1)^2}{2}dx\right\}$$

$$=\left[\dfrac{x^3}{3}\right]_{\frac{1}{2}}^{2}+4-\left[\dfrac{(x-1)^3}{3}\right]_{1}^{3}$$

$$=\dfrac{95}{24}$$

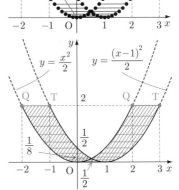

別解 まず，点 R$(r,\ 0)$ $(0\leqq r\leqq1)$ を固定して考える。 ◀ 2点P，Rが独立に動くので，どちらかを固定して一方のみを動かします！

このとき，$\overrightarrow{\mathrm{OS}}=\overrightarrow{\mathrm{OQ}}+(r,\ 0)$ を満たす**点S**は，**放物線**

$y=\dfrac{(x-r)^2}{2}$ $(-2+r\leqq x\leqq2+r)$ **上を動く**。

この状態を維持したまま，点 R$(r,\ 0)$ の固定

を解除し $0\leqq r\leqq1$ で動かすと，点Sが動く領

域は図の斜線部分。ただし，**境界線を含む**。 ◀

求める**面積**は，対称性より

$$2\left\{\int_{\frac{1}{2}}^{2}\dfrac{x^2}{2}dx+1\cdot2-\int_{1}^{3}\dfrac{(x-1)^2}{2}dx\right\}$$

$$=\left[\dfrac{x^3}{3}\right]_{\frac{1}{2}}^{2}+4-\left[\dfrac{(x-1)^3}{3}\right]_{1}^{3}$$

$$=\dfrac{95}{24}$$

固定した方を動かします！

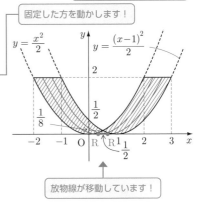

放物線が移動しています！

テーマ **18** | 空間座標における点の軌跡問題のアプローチ！

これだけは！ 18

解答 (1) 点Qは**平面 $z=1$ 上で点 $(0,\ 0,\ 1)$ を中心とする半**
径1の円周上を動くから，$Q(\cos\theta,\ \sin\theta,\ 1)$ $(0\leqq\theta<2\pi)$ と
おける。 ← テーマ10で扱った円周上を動く点の表し方ですね！

また，点Rは xy 平面上より，$R(x,\ y,\ 0)$ とおく。

3点 P, Q, R は一直線上より，次のように表せる。

$$\overrightarrow{PR}=k\overrightarrow{PQ} \quad (k\text{ は実数})$$

図から $k=2$ と分かれば，$\overrightarrow{PR}=2\overrightarrow{PQ}$ として始めてもよいです！

$$\Longleftrightarrow \overrightarrow{OR}-\overrightarrow{OP}=k(\overrightarrow{OQ}-\overrightarrow{OP})$$

$$\Longleftrightarrow (x,\ y,\ -2)=k(\cos\theta,\ \sin\theta,\ -1)$$

$$\Longleftrightarrow k=2,\ x=2\cos\theta,\ y=2\sin\theta$$

よって，点Rの軌跡の方程式は ← テーマ10の円を見抜くか，もしくは，$\cos^2\theta+\sin^2\theta=1$ を利用し，パラメーター θ を消去します！

$$\underline{x^2+y^2=4,\ z=0}$$ ← $z=0$ を忘れずに！ $x^2+y^2=4$ のみは円柱の側面を表します！

軌跡問題の最初の一手！

(2) 点Pは**平面 $z=2$ 上で点 $(0,\ 0,\ 2)$ を中心とする半径**
1の円周上を動くから，$P(\cos\theta,\ \sin\theta,\ 2)$ $(0\leqq\theta<2\pi)$
とおける。

まず，点Qを線分 AB 上に固定する。 ←

点PもQも動くので片方を固定して考えます！

このとき，$Q(1,\ t,\ 1)$ $(-1\leqq t\leqq1)$ とおける。

また，点Rは xy 平面上より，$R(x,\ y,\ 0)$ とおく。 ←

3点 P, Q, R は一直線上より，次のように表せる。

$$\overrightarrow{PR}=k\overrightarrow{PQ} \quad (k\text{ は実数})$$

図から $k=2$ と分かれば，$\overrightarrow{PR}=2\overrightarrow{PQ}$ として始めてもよいです！

軌跡問題の最初の一手！

$$\Longleftrightarrow \overrightarrow{OR}-\overrightarrow{OP}=k(\overrightarrow{OQ}-\overrightarrow{OP})$$

$$\Longleftrightarrow (x-\cos\theta,\ y-\sin\theta,\ -2)$$
$$=k(1-\cos\theta,\ t-\sin\theta,\ -1)$$

$$\Longleftrightarrow k=2,\ x=2-\cos\theta,\ y=2t-\sin\theta$$

$$\Longleftrightarrow \cos\theta=2-x,\ \sin\theta=2t-y$$

$\cos^2\theta+\sin^2\theta=1$ に代入すると

$$(2-x)^2+(2t-y)^2=1$$

$$\Longleftrightarrow (x-2)^2+(y-2t)^2=1 \quad (-1\leqq t\leqq1)$$

よって，点Rの軌跡は，中心 $(2,\ 2t,\ 0)$，半径1の円になる。

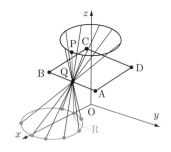

ここで，**点 Q(1, t, 1) の固定**を解除し，$-1 \leqq t \leqq 1$ で動かすと，点Rの動く領域は，図の斜線部分になる。ただし，境界線を含む。

対称性より，点QがBC，CD，DA 上にある場合も考えて，求める領域は図の斜線部分である。ただし，**境界線を含む**。

よって，求める**面積**は

$$6 \cdot 6 - 2 \cdot 2 - 1 \cdot 4 + \pi \cdot 1^2 = \underline{\pi + 28}$$

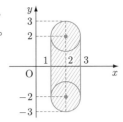

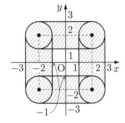

重要ポイント 総整理！

空間座標における点の軌跡問題のアプローチ

空間座標における点の軌跡問題のアプローチ法を確認しておきましょう！　点Pの軌跡問題の原則は，平面座標のときも空間座標のときも同様で，$P(x, y, z)$ とおくことから始めます。ただし，点Pが既に xy 平面上にある場合は，$P(x, y, 0)$ とおきます。

問題文から，点Pに関する情報を読み取り（点Pを含む3点が同一直線上にある問題設定が多い），その後，立式し**同値変形**を繰り返していくことで，点Pの軌跡の方程式を求めていきます。

次の問題は，点Pが満たす式が最初から与えられている問題です。この問題で，軌跡問題の原則を確認しておきましょう！

> t を正の定数とする。原点をOとする空間内に，2点 A($2t$, $2t$, 0)，B(0, 0, t) がある。また動点Pは $\overrightarrow{\mathrm{OP}} \cdot \overrightarrow{\mathrm{AP}} + \overrightarrow{\mathrm{OP}} \cdot \overrightarrow{\mathrm{BP}} + \overrightarrow{\mathrm{AP}} \cdot \overrightarrow{\mathrm{BP}} = 3$ を満たすように動く。OP の最大値が3となるような t の値を求めよ。
>
> (一橋大)

$P(x, y, z)$ とおく。　←[軌跡問題の最初の一手！]

$\overrightarrow{\mathrm{AP}} = \overrightarrow{\mathrm{OP}} - \overrightarrow{\mathrm{OA}} = (x-2t, y-2t, z)$, $\overrightarrow{\mathrm{BP}} = \overrightarrow{\mathrm{OP}} - \overrightarrow{\mathrm{OB}} = (x, y, z-t)$ であるから

$\quad \overrightarrow{\mathrm{OP}} \cdot \overrightarrow{\mathrm{AP}} + \overrightarrow{\mathrm{OP}} \cdot \overrightarrow{\mathrm{BP}} + \overrightarrow{\mathrm{AP}} \cdot \overrightarrow{\mathrm{BP}} = 3$

$\iff \{x(x-2t) + y(y-2t) + z^2\} + \{x^2 + y^2 + z(z-t)\}$

$$+ \{(x-2t)x + (y-2t)y + z(z-t)\} = 3$$

$\iff 3x^2 + 3y^2 + 3z^2 - 4tx - 4ty - 2tz = 3$

$\iff x^2 + y^2 + z^2 - \dfrac{4}{3}tx - \dfrac{4}{3}ty - \dfrac{2}{3}tz = 1$

$\iff \left(x - \dfrac{2}{3}t\right)^2 + \left(y - \dfrac{2}{3}t\right)^2 + \left(z - \dfrac{t}{3}\right)^2 = t^2 + 1$

> $(x-a)^2 + (y-b)^2 + (z-c)^2 = r^2$ は，中心が (a, b, c)，半径が r の球面を表す式ですね！

よって，**点Pは，中心 $\left(\dfrac{2}{3}t, \dfrac{2}{3}t, \dfrac{t}{3}\right)$，半径 $\sqrt{t^2+1}$ の球面上を動く。**

したがって，球の中心をCとすると，OP の長さが最大となるのは，図の位置関係になるときである。

> P は，球面上を動きます！

$\quad$ OC + CP = 3

$\iff \sqrt{\left(\dfrac{2}{3}t\right)^2 + \left(\dfrac{2}{3}t\right)^2 + \left(\dfrac{t}{3}\right)^2} + \sqrt{t^2+1} = 3$

$\iff \sqrt{t^2} + \sqrt{t^2+1} = 3$

$\iff \sqrt{t^2+1} = 3 - t$ （∵　t は正の定数）

$\iff t^2 + 1 = 9 - 6t + t^2$ かつ $3 - t \geqq 0$

$\iff \underline{t = \dfrac{4}{3}}$ （$\leqq 3$）

> $x = 0$, $y = 0$, $z = 0$ は $\left(x - \dfrac{2}{3}t\right)^2 + \left(y - \dfrac{2}{3}t\right)^2 + \left(z - \dfrac{t}{3}\right)^2 < t^2 + 1$ を満たしているので，原点Oは球の内部に存在します！

テーマ **19** | 直線・線分の通過領域問題！

これだけは！ 19

解答 (1) 直線 l の傾きは $\dfrac{(t+1)^2-t^2}{(t+1)-t}=2t+1$

よって，直線 l の方程式は $y=(2t+1)(x-t)+t^2$

> 直線 l は傾き $(2t+1)$ で点 $(t,\ t^2)$ を通ります！

∴ $\underline{y=(2t+1)x-t^2-t}$ ……①

(2) 直線 $x=a$ と直線 l の交点の y 座標について

$$f(t)=(2t+1)a-t^2-t$$
$$=-t^2+(2a-1)t+a$$
$$=-\left\{t-\left(a-\frac{1}{2}\right)\right\}^2+a^2+\frac{1}{4}$$

ここで，$f(t)$ の最大値を $M(a)$ とおく。

(ⅰ) $a-\dfrac{1}{2}<-1$ ← 軸が区間の左外にある場合です！

すなわち $a<-\dfrac{1}{2}$ のとき

$f(t)$ は $t=-1$ で最大となる。

$$M(a)=f(-1)$$
$$=-1-(2a-1)+a$$
$$=-a$$

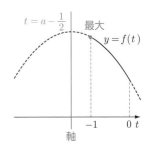

(ⅱ) $-1\leqq a-\dfrac{1}{2}\leqq 0$ ← 軸が区間の中にある場合です！

すなわち $-\dfrac{1}{2}\leqq a\leqq\dfrac{1}{2}$ のとき

$f(t)$ は $t=a-\dfrac{1}{2}$ で最大となる。

$$M(a)=f\left(a-\frac{1}{2}\right)=a^2+\frac{1}{4}$$

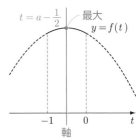

(ⅲ) $0<a-\dfrac{1}{2}$ ← 軸が区間の右外にある場合です！

すなわち $\dfrac{1}{2}<a$ のとき

$f(t)$ は $t=0$ で最大となる。

$$M(a)=f(0)=a$$

以上より，求める最大値は

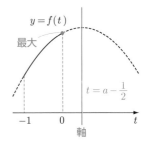

$$M(a) = \begin{cases} -a & \left(a < -\dfrac{1}{2}\right) \\[2mm] a^2 + \dfrac{1}{4} & \left(-\dfrac{1}{2} \leqq a \leqq \dfrac{1}{2}\right) \\[2mm] a & \left(\dfrac{1}{2} < a\right) \end{cases}$$

(3) （ファクシミリ論法の解答）

t が $-1 \leqq t \leqq 0$ を動くとき，点 P は $y = x^2$ 上を点 $(-1,\ 1)$ から点 $(0,\ 0)$ まで動き，点 Q は $y = x^2$ 上を点 $(0,\ 0)$ から点 $(1,\ 1)$ まで動く。

よって，線分 PQ は，常に $y \geqq x^2$ $(-1 \leqq x \leqq 1)$ を満たす領域内に存在する。◀

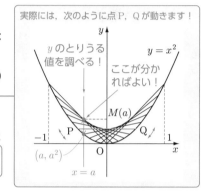

実際には，次のように点 P，Q が動きます！
y のとりうる値を調べる！
ここが分かればよい！
$y = x^2$
$M(a)$
$(a,\ a^2)$
$x = a$

これと(2)より，$x = a$ で固定したときの
$y = f(t) = -t^2 + (2a-1)t + a$ $(-1 \leqq t \leqq 0)$ のとりうる値の範囲は ◀

ファクシミリ論法！ 詳しくは 重要ポイント 総整理！ へ！

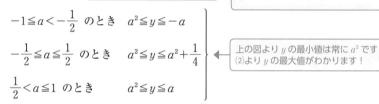

$-1 \leqq a < -\dfrac{1}{2}$ のとき $\quad a^2 \leqq y \leqq -a$

$-\dfrac{1}{2} \leqq a \leqq \dfrac{1}{2}$ のとき $\quad a^2 \leqq y \leqq a^2 + \dfrac{1}{4}$

$\dfrac{1}{2} < a \leqq 1$ のとき $\quad a^2 \leqq y \leqq a$

◀ 上の図より y の最小値は常に a^2 です！
(2)より y の最大値がわかります！

次に，$x = a$ の固定を解除し，x を動かすと，線分 PQ が通過してできる図形は，図の斜線部分である。ただし，**境界線を含む。**

斜線部分の**面積**を S とすると，y 軸対称より

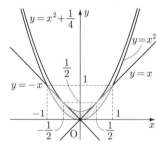

$y = x^2 + \dfrac{1}{4}$
$y = x^2$
$y = -x$
$y = x$

$$S = 2\int_0^{\frac{1}{2}} \left(x^2 + \frac{1}{4} - x\right) dx + 2\int_0^1 (x - x^2)\, dx$$

$$= 2\int_0^{\frac{1}{2}} \left(x - \frac{1}{2}\right)^2 dx - 2\int_0^1 x(x-1)\, dx$$

↘ 展開しないで積分！ ↘ $\dfrac{1}{6}$ 公式！

$$= 2\left[\frac{1}{3}\left(x - \frac{1}{2}\right)^3\right]_0^{\frac{1}{2}} + 2 \cdot \frac{1}{6}(1-0)^3$$

$$= \frac{5}{12}$$

ちょっと一言

前のページの解答では，求める面積を直線 $y=x$ で分割して計算しましたが，直線

$x=\dfrac{1}{2}$ で分割してもよいです。

$$S=2\int_0^{\frac{1}{2}}\left(x^2+\frac{1}{4}-x^2\right)dx+2\int_{\frac{1}{2}}^1(x-x^2)dx$$

$$=2\left(\left[\frac{1}{4}x\right]_0^{\frac{1}{2}}+\left[\frac{1}{2}x^2-\frac{1}{3}x^3\right]_{\frac{1}{2}}^1\right)$$

$$=2\left(\frac{1}{8}+\frac{1}{12}\right)$$

$$=\underline{\frac{5}{12}}$$

別解 （実数条件に帰着させた解答）← この解答も重要です！ 必ず理解して下さいね！

t が $-1\leqq t\leqq0$ を動くとき，点 P は $y=x^2$ 上

を点 $(-1,\ 1)$ から点 $(0,\ 0)$ まで動き，点 Q は

$y=x^2$ 上を点 $(0,\ 0)$ から点 $(1,\ 1)$ まで動く。

　よって，線分 PQ は，常に

$$y\geqq x^2 \quad(-1\leqq x\leqq1)\ \ \cdots\cdots②$$

を満たす領域内に存在する。◀

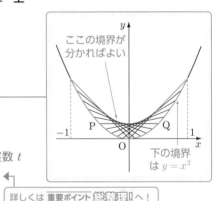

ここの境界が
分かればよい

下の境界
は $y=x^2$

　l が点 $(x,\ y)$ を通るための条件は，

$y=(2t+1)x-t^2-t$ すなわち

$t^2-(2x-1)t+y-x=0\ \ \cdots\cdots③$ を満たす実数 t

が $-1\leqq t\leqq0$ の範囲に存在することである。◀ 詳しくは 重要ポイント 総整理！ へ！

　　$f(t)=t^2-(2x-1)t+y-x$ とおくと

$$f(t)=\left\{t-\left(x-\frac{1}{2}\right)\right\}^2+y-x^2-\frac{1}{4}$$

　t の 2 次方程式③が $-1\leqq t\leqq0$ の範囲に少なくとも 1 つ実数解をもつのは，次の(i)，

(ii)，(iii)のいずれかの場合である。◀ よく出題される解の配置問題です！

(i)　$-1<t<0$ の範囲に 2 つの解（重解を含む）をもつ場合で，次の④〜⑦が同時に成り

立つときである。

　　（き）　$f(-1)>0\ \ \cdots\cdots④$，$f(0)>0\ \ \cdots\cdots⑤$

　　（じ）　$y=f(t)$ のグラフの軸 $t=x-\dfrac{1}{2}$ について　$-1<x-\dfrac{1}{2}<0\ \ \cdots\cdots⑥$

　　（は）　$f(t)=0$ の判別式 D について　$D\geqq0\ \ \cdots\cdots⑦$

　　④より　$x+y>0\quad\therefore\ y>-x$

　　⑤より　$-x+y>0\quad\therefore\ y>x$

⑥より $-\dfrac{1}{2}<x<\dfrac{1}{2}$

⑦より $(2x-1)^2-4(y-x)\geqq0$ $4x^2-4y+1\geqq0$ $\therefore$ $y\leqq x^2+\dfrac{1}{4}$

よって $y>-x$ かつ $y>x$ かつ $-\dfrac{1}{2}<x<\dfrac{1}{2}$ かつ $y\leqq x^2+\dfrac{1}{4}$

(ii) $-1<t<0$ の範囲にただ 1 つの解をもつ場合で，$f(-1)\cdot f(0)<0$ が成り立つときである。

$f(-1)\cdot f(0)<0$ より $(x+y)(-x+y)<0$

よって $y<-x$, $y>x$ または $y>-x$, $y<x$

(iii) $t=-1$ または $t=0$ を解にもつ場合で，$f(-1)\cdot f(0)=0$ が成り立つときである。

$f(-1)\cdot f(0)=0$ より $(x+y)(-x+y)=0$

よって $y=-x$ または $y=x$

②と(i), (ii), (iii)の場合を合わせて，線分 PQ が通過してできる図形は，図の斜線部分である。ただし，**境界線を含む**。

斜線部分の面積を S とすると，y 軸対称より

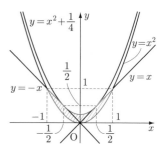

$$S=2\int_0^{\frac{1}{2}}\left(x^2+\dfrac{1}{4}-x\right)dx+2\int_0^1(x-x^2)\,dx$$

$$=2\int_0^{\frac{1}{2}}\left(x-\dfrac{1}{2}\right)^2dx-2\int_0^1x(x-1)\,dx$$

$$=2\left[\dfrac{1}{3}\left(x-\dfrac{1}{2}\right)^3\right]_0^{\frac{1}{2}}+2\cdot\dfrac{1}{6}(1-0)^3$$

$$=\dfrac{5}{12}$$

\ちょっと/
一言

〈難関大に頻出の解の配置問題の応用について〉

t の 2 次方程式が $-1\leqq t\leqq0$ の範囲に少なくとも 1 つ実数解をもつ問題では，3 つの場合分けになります！

(i) $-1<t<0$ の範囲に 2 つの解（重解を含む）をもつ場合

(ii) $-1<t<0$ の範囲にただ 1 つの解をもつ場合

(iii) $t=-1$ または $t=0$ を解にもつ場合

特に，(iii)の区間の端っこを吟味し忘れる生徒が多いので，気を付けましょう！

重要ポイント 総整理！

直線・線分の通過領域問題！

直線（線分）の通過領域の問題では，**実数条件に帰着させて解く**か，あるいは，**ファクシミリ論法**で解くか，あるいは，**包絡線**を見破って直線をその包絡線の接線と見るなどの方法があります。ここでは，これらの解法について説明していきます。

まず，**実数条件に帰着させて解く方法**についてです。下の問題の誘導が，実数条件に帰着させる通過領域の考え方の神髄をついていますので，この問題で解説していきます。

> a を実数とし，直線 $y = 2ax - a^2$ を l_a とする。
> (1) l_a が点 $(2, -5)$ を通るときの a の値を求めよ。
> (2) どのような実数 a を選んでも，l_a は点 $(3, 10)$ を通らないことを示せ。
> (3) a がすべての実数を動くとき，l_a が通る点 (x, y) の全体を S とおく。領域 S を図示せよ。
> (三重大)

(1) l_a が点 $(2, -5)$ を通るので $-5 = 4a - a^2$

$$a^2 - 4a - 5 = 0$$
$$(a+1)(a-5) = 0$$

∴ **$a = -1, 5$** ← 直線 $y = -2x - 1$ $(a = -1)$ や $y = 10x - 25$ $(a = 5)$ のとき，点 $(2, -5)$ を通ることが分かります！

(2) l_a が点 $(3, 10)$ を通るための条件は $10 = 6a - a^2$ すなわち $a^2 - 6a + 10 = 0$ ……①

を満たす実数 a が存在することである。← a が存在すれば，(1)のように直線が存在し，点 $(3, 10)$ を通りますが……

この方程式①の判別式 D_1 について

$$\frac{D_1}{4} = (-3)^2 - 10 = -1 < 0$$

よって，①を満たす実数 a は存在しない。← a が存在しないので，直線も存在しません！

したがって，l_a は点 $(3, 10)$ を通らない。 □

(3) （実数条件に帰着させた解答）

l_a が点 (x, y) を通るための条件は $y = 2ax - a^2$

すなわち $a^2 - 2xa + y = 0$ ……② を満たす実数 a が存在することである。← a が存在すれば，その点を通る直線も存在しますからね！

よって，2 次方程式②の判別式 D_2 について

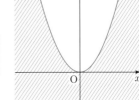

$$\frac{D_2}{4} \geqq 0 \quad (-x)^2 - y \geqq 0 \quad ∴ \quad y \leqq x^2$$

したがって，領域 S は図の斜線部分である。ただし，**境界線を含む**。

次に，ファクシミリ論法で解く方法についてです。x を固定したときの y のとりうる値の範囲を調べていく方法です！　例えば，直線 $y=2ax-a^2$ において

$x=1$ と固定したときの y のとりうる値の範囲は　$y=2a-a^2=-(a-1)^2+1\leqq1$

$x=2$ と固定したときの y のとりうる値の範囲は　$y=4a-a^2=-(a-2)^2+4\leqq4$

$x=3$ と固定したときの y のとりうる値の範囲は　$y=6a-a^2=-(a-3)^2+9\leqq9$

……

$x=x_0$ と固定したときの y のとりうる値の範囲は　$y=2x_0a-a^2=-(a-x_0)^2+x_0^2\leqq x_0^2$

次に，$x=x_0$ の固定を解除し，x を動かすことで，全体の通過領域を把握していきます！

前のページの問題の(3)をファクシミリ論法で解くと，次のような解法になります。

別解 1　（ファクシミリ論法の解答）

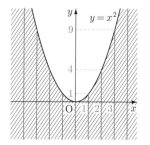

直線 $l_a : y=2ax-a^2$ ……③ において，$x=x_0$ と固定したときの y のとりうる値の範囲を考える。

$$y=2x_0a-a^2=-(a-x_0)^2+x_0^2$$
$$\leqq x_0^2$$

次に，$x=x_0$ の固定を解除し，x を動かすと，求める領域 S は図の斜線部分である。ただし，**境界線を含む**。

最後に，包絡線を見破って直線をその包絡線の接線と見る方法についてです！　この解法は，直線（線分）の通過領域で，**直線のパラメーターが 2 次の場合のみ**，有効になります。

この直線の方程式とある放物線の方程式を連立し，その方程式が重解になるようなある放物線の式を見つけます。このとき，直線はこの放物線に接しながら，動くことになります。

この直線に接する放物線（曲線）のことを**包絡線**といいます。直線をその包絡線の接線と見て動きを追っていくことで，全体の通過領域を把握していきます！　前のページの問題の(3)を，包絡線を見破って直線をその包絡線の接線と見る方法で解くと，次のような解法になります。

別解 2　（直線を包絡線の接線と見る解答）

直線 l_a をパラメーター a で平方完成すると

$$y=-a^2+2xa=-(a-x)^2+x^2$$

> $y=x^2$ と連立すると（　）$^2=0$ の形になります！

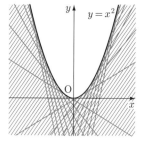

この直線 l_a の方程式とある放物線の方程式を連立し，その方程式が重解をもつような放物線の式は

$$y=x^2 \quad ……④$$

実際に，③と④の式を連立すると

$$x^2=-(a-x)^2+x^2 \quad (a-x)^2=0 \quad （重解 \ x=a \ をもつ）$$

この式は，直線 l_a は放物線④に $x=a$ で接しながら，動くことを表している。

よって，求める領域 S は図の斜線部分である。ただし，**境界線を含む**。

テーマ **20** │ 放物線の通過・非通過領域問題！

これだけは！ 20

解答 P$(x,\ y)$ $(-1\leqq x\leqq 1)$ とおく。◀

> 点PをP$(x,\ y)$とおき，$x,\ y$の関係式を導き出します！ つまり，点Pの軌跡の問題としてアプローチしていきます！

(I) 点Pが条件(ⅰ)を満たすとき

点Pを通る2次関数のグラフの式を $y=ax^2+bx+c$ $(a\neq 0)$ とおく。2点 A$(-1,\ 1)$，B$(1,\ -1)$ を通るから

$$1=a-b+c,\quad -1=a+b+c$$

∴ $b=-1,\ c=-a$

よって，点 A，B，P を通る2次関数のグラフの式は

$$y=ax^2-x-a\quad \cdots\cdots①$$

すなわち $y=a\left(x-\dfrac{1}{2a}\right)^2-\dfrac{1}{4a}-a$

と表せる。また，頂点の x 座標の絶対値が 1 以上より，a の値の範囲は

$$\left|\dfrac{1}{2a}\right|\geqq 1$$

∴ $-\dfrac{1}{2}\leqq a\leqq\dfrac{1}{2}$ かつ $a\neq 0$

である。

(Ⅱ) 点Pが条件(ⅱ)を満たすとき

点Pは線分 AB 上の点であるから，直線の方程式は

$$y=-x$$

なお，これは，関数①における $a=0$ のときに対応している。◀

> 関数①：$y=ax^2-x-a$ で $a=0$ とすると $y=-x$ となります！

(I)，(Ⅱ)より，**点Pの存在する範囲は，$-1\leqq x\leqq 1$ における，曲線 $y=ax^2-x-a$** $\left(-\dfrac{1}{2}\leqq a\leqq\dfrac{1}{2}\right)$**が通過する領域**である。ゆえに，**この曲線が点 $(x,\ y)$ を通るための条件**は，**$-1\leqq x\leqq 1$ において**，方程式 $y=ax^2-x-a$ すなわち $a(x^2-1)=x+y$ $\cdots\cdots②$ を満たす実数 a が，$-\dfrac{1}{2}\leqq a\leqq\dfrac{1}{2}$ の範囲に存在することである。

(ア) $x^2-1\neq 0$ すなわち $-1<x<1$ のとき ◀

> $-1\leqq x\leqq 1$ の範囲で考えていますよ！

$x^2-1\neq 0$ であるから，②より $a=\dfrac{x+y}{x^2-1}$ ◀ 重要ポイント 総整理！ を参照！

$-\dfrac{1}{2}\leqq a\leqq\dfrac{1}{2}$ より $-\dfrac{1}{2}\leqq\dfrac{x+y}{x^2-1}\leqq\dfrac{1}{2}$ ◀

> このとき，②をみたす実数 a $\left(-\dfrac{1}{2}\leqq a\leqq\dfrac{1}{2}\right)$ が存在します！

このとき，$-1<x<1$ より，$x^2-1<0$ であるから

$$\frac{1}{2}(x^2-1) \leqq x+y \leqq -\frac{1}{2}(x^2-1)$$

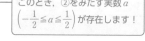

不等式に負の数をかけると不等号の向きが逆になります！

すなわち $\frac{1}{2}x^2-x-\frac{1}{2} \leqq y \leqq -\frac{1}{2}x^2-x+\frac{1}{2}$ $(-1<x<1)$

(イ) $x^2-1=0$ すなわち $x=-1,\ 1$ のとき

②より，$x=-1$ のとき $y=1$，$x=1$ のとき $y=-1$

以上より，条件(i)または(ii)を満たす点Pの範囲は

$$\frac{1}{2}x^2-x-\frac{1}{2} \leqq y \leqq -\frac{1}{2}x^2-x+\frac{1}{2} \quad (-1 \leqq x \leqq 1)$$

このとき，②をみたす実数 a $\left(-\frac{1}{2} \leqq a \leqq \frac{1}{2}\right)$ が存在します！

点Pの範囲は図の斜線部分。ただし，**境界線を含む**。

よって，求める面積は

$$\int_{-1}^{1}\left\{-\frac{1}{2}x^2-x+\frac{1}{2}-\left(\frac{1}{2}x^2-x-\frac{1}{2}\right)\right\}dx$$

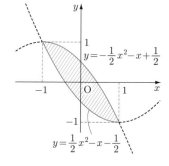

$$=\int_{-1}^{1}(-x^2+1)\,dx$$

$$=-\int_{-1}^{1}(x+1)(x-1)\,dx$$

$$=\frac{1}{6}\{1-(-1)\}^3$$

6分の1公式を用いました！

$\int_{\alpha}^{\beta}(x-\alpha)(x-\beta)\,dx=-\frac{1}{6}(\beta-\alpha)^3$

$$=\underline{\frac{4}{3}}$$

重要ポイント 総整理！

放物線の通過・非通過領域問題！

　テーマ 19 で，通過領域の問題では，**実数条件に帰着させて解く方法**を紹介しました。2 次方程式の解の場合は，**判別式**を考えたり，**解の配置問題**に帰着させる流れでしたが，1 次方程式の解の場合はどうでしょうか？　不安に思った人もいると思うので，1 次方程式の解について，下にまとめておきます。

　a についての 1 次方程式 $sa=t$ の解 a は

$s \neq 0$ のとき　　　　　　　　　　$a = \dfrac{t}{s}$　（一意解）

$s=0$ のとき，$t=0$ とすると　a は，任意の実数で，無数に存在する　（不定解）

$s=0$ のとき，$t \neq 0$ とすると　a は，解なし　（不能）

となります。

　それでは，通過領域の問題で，1 次方程式の解に帰着させて解く問題を考えてみましょう！　次の問題は，**どの放物線も通過しない領域**の問題です。通過しない領域なので，**実数解が存在しない条件に帰着**させて解きます！

> 　2 点 A$(-1, 2)$，B$(2, 5)$ を通る放物線 $y=ax^2+bx+c$ をすべて考えるとき，どの放物線も通らない点の領域を図示せよ。　　　　　　　　　　　　　　　　　　（名古屋大）

放物線 $y=ax^2+bx+c$　$(a \neq 0)$ が，2 点 A$(-1, 2)$，B$(2, 5)$ を通るから

　　$2=a-b+c$，$5=4a+2b+c$　　∴　$b=1-a$，$c=3-2a$

よって，放物線は，$y=ax^2+(1-a)x+3-2a$　$(a \neq 0)$ と表せる。

放物線 $y=ax^2+(1-a)x+3-2a$　$(a \neq 0)$ が点 (x, y) を通らないための条件は，方程式 $a(x^2-x-2)=-x+y-3$ すなわち $a(x-2)(x+1)=-x+y-3$ ……①
を満たす実数 a $(\neq 0)$ が存在しないことである。

(i)　$(x-2)(x+1) \neq 0$ **のとき**，①より　$a=\dfrac{-x+y-3}{(x-2)(x+1)}$

　　ここで，$-x+y-3=0$ とすると，$a=0$ と
なり，**直線として通ることになる。** ◀──── 　このとき，放物線としては通らない！　見落しやすいので注意！

　　よって　$(x-2)(x+1) \neq 0$，$-x+y-3=0$

　　すなわち　$x \neq 2$，$x \neq -1$，$y=x+3$

(ii)　$(x-2)(x+1)=0$，$-x+y-3 \neq 0$ **のとき**，①**を満たす実数 a
は存在しない。** ◀── 　このとき，どの放物線も通りません！

　　よって　$(x-2)(x+1)=0$，$-x+y-3 \neq 0$

　　すなわち　$x=2$，$x=-1$，$y \neq x+3$

以上より，(i)または(ii)を満たす領域は図のようになる。

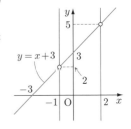

テーマ 21 ｜ 極と極線！　式を読むという発想！

これだけは！ 21

解答 (1) 円 C_2 の方程式は　$x^2+y^2=1$

$P_1(x_1,\ y_1),\ P_2(x_2,\ y_2),\ Q\left(t,\ \dfrac{t^2}{8}-2\right)$ とおく。

点 P_1，P_2 における円 C_2 の接線の方程式は

$$x_1x+y_1y=1,\ x_2x+y_2y=1$$

この 2 本の接線は点 Q を通るから

$$tx_1+\left(\frac{t^2}{8}-2\right)y_1=1,\ tx_2+\left(\frac{t^2}{8}-2\right)y_2=1 \blacktriangleleft$$

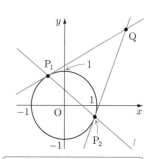

この 2 式は直線 $tx+\left(\dfrac{t^2}{8}-2\right)y=1$ が 2 点 $P_1(x_1,\ y_1)$，

$P_2(x_2,\ y_2)$ を通ることを表している。◀

> 直線 $tx+\left(\dfrac{t^2}{8}-2\right)y=1$ に $(x,\ y)=(x_1,\ y_1),\ (x_2,\ y_2)$ を代入した式と見ることができます！

したがって，直線 l の方程式は

> 式を読むという発想です！
> **重要ポイント 総整理！** を参照！

$$tx+\left(\frac{t^2}{8}-2\right)y=1 \qquad \therefore\ \underline{8tx+(t^2-16)y-8=0} \quad \cdots\cdots①$$

(2) **[通過領域（実数条件）に帰着させる解答　〜直線 l が通過する領域を調べる〜]**

　　直線 l が点 $(x,\ y)$ を通るための条件は　$8tx+(t^2-16)y-8=0$　すなわち

$yt^2+8xt-16y-8=0 \quad \cdots\cdots②$ **を満たす実数 t が存在することである。**◀

(ⅰ) $y=0$ のとき，②は $8xt-8=0$ すなわち $xt=1$ と

> テーマ 19 で詳しく扱っています！

なり，実数 t が存在する条件は　$x\neq0$ ◀

(ⅱ) $y\neq0$ のとき，2 次方程式②の判別式

> $x\neq0$ のとき，$t=\dfrac{1}{x}$ となり，実数 t は存在する！
> $x=0$ のとき，$0\cdot t=1$ を満たす実数 t は存在しない！

D について　$\dfrac{D}{4}\geqq0$

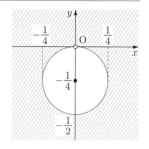

$$(4x)^2-y(-16y-8)\geqq0 \qquad x^2+y^2+\frac{1}{2}y\geqq0$$

$$\therefore\ x^2+\left(y+\frac{1}{4}\right)^2\geqq\frac{1}{16} \quad (y\neq0)$$

(ⅰ)，(ⅱ)より，直線 l が通過する領域は図の斜線部分。ただ
し，原点以外の境界線を含む。

このとき，この円の中心 $\left(0,\ -\dfrac{1}{4}\right)$ と直線 l との距離は

$$\frac{\left|-\dfrac{1}{4}(t^2-16)-8\right|}{\sqrt{64t^2+(t^2-16)^2}}=\frac{\left|-\dfrac{1}{4}(t^2+16)\right|}{\sqrt{(t^2+16)^2}}=\frac{1}{4}$$

ゆえに，直線 l は，t の値にかかわらず，円 $x^2+\left(y+\dfrac{1}{4}\right)^2=\dfrac{1}{16}$ に接する。　□

したがって，求める円の方程式は　$x^2+\left(y+\dfrac{1}{4}\right)^2=\dfrac{1}{16}$

別解 1 ［全称命題に帰着させる解答　〜必要条件を求めてから十分性の検証〜］

　直線 l が，t の値にかかわらず，ある円に接するとき，①におい
て，$t=0$，4，-4，2 とした 4 本の直線もこの円に接することが必
要である。

> 全称命題については
> テーマ 35 で詳しく
> 扱っています！

> 必要条件から攻めます！　その
> 後，十分性の検証を行います！

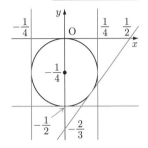

　①において

　$t=0$ のとき　$y=-\dfrac{1}{2}$，$t=4$ のとき　$x=\dfrac{1}{4}$

　$t=-4$ のとき　$x=-\dfrac{1}{4}$，$t=2$ のとき　$4x-3y-2=0$

　図より，この 4 本の直線に接する円は　$x^2+\left(y+\dfrac{1}{4}\right)^2=\dfrac{1}{16}$

のみである。（必要条件）

　逆に，このとき，この円の中心 $\left(0,\ -\dfrac{1}{4}\right)$ と直線 l との距離は

> ここから
> 十分性の検証！

$$\dfrac{\left|-\dfrac{1}{4}(t^2-16)-8\right|}{\sqrt{64t^2+(t^2-16)^2}}=\dfrac{\left|-\dfrac{1}{4}(t^2+16)\right|}{\sqrt{(t^2+16)^2}}=\dfrac{1}{4}$$

　よって，直線 l は，t の値にかかわらず，中心 $\left(0,\ -\dfrac{1}{4}\right)$，半径 $\dfrac{1}{4}$ の円に接する。　□

　したがって，求める円の方程式は　$x^2+\left(y+\dfrac{1}{4}\right)^2=\dfrac{1}{16}$

別解 2 ［t の恒等式に帰着させる解答］

　点 $(a,\ b)$ と直線 l との距離 d は

$$d=\dfrac{|8at+b(t^2-16)-8|}{\sqrt{64t^2+(t^2-16)^2}}=\dfrac{|bt^2+8at-16b-8|}{\sqrt{(t^2+16)^2}}$$

> この距離 d が一定となれば，直線
> l は中心が点 $(a,\ b)$，半径 d の円
> に接していることになります！

この距離 d が，t の値にかかわらず，正の定数となるような点 $(a,\ b)$ が存在すれば，直
線 l は中心 $(a,\ b)$，半径 d の円に接する。

　　$d\sqrt{(t^2+16)^2}=|bt^2+8at-16b-8|$　　$d(t^2+16)=|bt^2+8at-16b-8|$

　　$bt^2+8at-16b-8=\pm d(t^2+16)$

この式が，任意の実数 t に対して成り立つためには

> t の恒等式と見て，係数比較法！

　　$b=\pm d$，$a=0$，$-16b-8=\pm16d$　（複号同順）

$d>0$ に注意して　$(a,\ b,\ d)=\left(0,\ -\dfrac{1}{4},\ \dfrac{1}{4}\right)$

　よって，直線 l は，t の値にかかわらず，中心 $\left(0,\ -\dfrac{1}{4}\right)$，半径 $\dfrac{1}{4}$ の円に接する。　□

　したがって，求める円の方程式は　$x^2+\left(y+\dfrac{1}{4}\right)^2=\dfrac{1}{16}$

重要ポイント 総整理！

極と極線！　式を読むという発想！

このテーマでは，式の読み方について学んでいきます！　多くの皆さんは，式を読むということに慣れていないため，少し難しく感じてしまうかもしれませんが，大丈夫です！　まずは，簡単な問題を見ていきましょう！

⑴　直線 $y=x+1$ は，点 $(2,\ 3)$ を通るでしょうか？

$y=x+1$ に $x=2,\ y=3$ を代入してみて，$3=2+1$ という式が成り立ちますので，**通ります！**

⑵　直線 $y=x+1$ は，点 $(0,\ 5)$ を通るでしょうか？

$y=x+1$ に $x=0,\ y=5$ を代入してみて，$5=0+1$ という式は成り立ちませんので，**通りません！**

⑶　直線 $y=x+1$ は，点 $(4,\ 5)$ を通るでしょうか？

$y=x+1$ に $x=4,\ y=5$ を代入してみて，$5=4+1$ という式が成り立ちますので，**通ります！**

青色の式（点の座標を代入した式）を見て，その式が成り立てば，直線がその点を通ると判断することができます！　ここまでは，大丈夫ですね。ちょっとズルいのですが，上の 3 つの例だけを用いて，2 点 $(2,\ 3)$，$(4,\ 5)$ を通る直線の式を求めることが可能です。⑴，⑶より，**直線 $y=x+1$ は，2 点 $(2,\ 3)$，$(4,\ 5)$ を通りますね。ということは，2 点 $(2,\ 3)$，$(4,\ 5)$ を通る直線は，ただ 1 つしか存在しないので，求める直線の式は，$y=x+1$ となります！**

> a は定数で，$a>1$ とする。座標平面において，円 $C:x^2+y^2=1$，直線 $l:x=a$ とする。l 上の点 P を通り円 C に接する 2 本の接線の接点をそれぞれ A，B とするとき，直線 AB は，点 P によらず，ある定点を通ることを示し，その定点の座標を求めよ。（早稲田大）

$A(x_1,\ y_1)$，$B(x_2,\ y_2)$，$P(a,\ t)$ とおく。

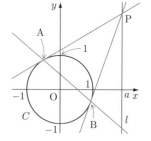

> P は $x=a$ 上より $P(a,\ t)$ とおきます！

点 A，B における円 C の接線の方程式は

$$x_1x+y_1y=1$$
$$x_2x+y_2y=1$$

この 2 本の接線は点 P を通るから

$$ax_1+ty_1=1$$
$$ax_2+ty_2=1$$

> 直線 $ax+ty=1$ に $(x,\ y)=(x_1,\ y_1)$，$(x_2,\ y_2)$ を代入した式と見ることができます！

この 2 式は直線 $ax+ty=1$ が

2 点 $A(x_1,\ y_1)$，$B(x_2,\ y_2)$ を

通ることを表している。

> これが式を読むという発想です！

よって，直線 AB の方程式は　$ax+ty=1$

すなわち $(ax-1)+ty=0$

直線 AB が，点 P によらず，ある定点 (x, y) を通るとき，この式が任意の実数 t について

成り立つので ← t についての恒等式と見て，係数比較法！

$$ax - 1 = 0, \quad y = 0$$

$a > 1$ より

$$x = \frac{1}{a}, \quad y = 0$$

したがって，直線 AB は点 P によらず，点 $\left(\dfrac{1}{a}, \ 0 \right)$ を常に通る。　□

ちょっと 一言

　　点 P から円に 2 本の接線を引き，その 2 つの接点 A，B を通る直線 AB を，**P を '極' とする '極線'** といいます。

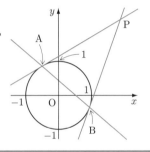

テーマ **22** │ 図形の総合力！　どの分野で解くか？　Part 1

これだけは！ 22

解答 (1) 座標平面において，外接円の中心Oを原点，点AをA$(0,\ a)$，点Bを

B$(-a,\ 0)$，点CをC$(a,\ 0)$となるように設定する。◀

> 辺BCをx軸上に設定し，辺BCの中点を原点にとると，2点B, Cもシンプルに設定することができます！
> 重要ポイント **総整理！** を参照！

点Dは辺BCを$(p+1):p$に外分するので

$$D\left(\frac{-p\cdot(-a)+(p+1)\cdot a}{(p+1)-p},\ 0\right)$$

∴　D$((2p+1)a,\ 0)$

∴　$\overrightarrow{OD}=(2p+1)\overrightarrow{OC}$

> $\overrightarrow{OC}=(a,\ 0)$
> $\overrightarrow{OD}=((2p+1)a,\ 0)$ より！

別解　直角三角形の外心は斜辺の中点であるから，点Oは，

斜辺BCの中点である。

点Dは辺BCを$(p+1):p$に外分するので

$$\overrightarrow{OD}=\frac{-p\overrightarrow{OB}+(p+1)\overrightarrow{OC}}{(p+1)-p}$$

$$=-p\overrightarrow{OB}+(p+1)\overrightarrow{OC}$$

ここで，$\overrightarrow{OB}=-\overrightarrow{OC}$　であるから

$$\overrightarrow{OD}=p\overrightarrow{OC}+(p+1)\overrightarrow{OC}$$

$$=(2p+1)\overrightarrow{OC}$$

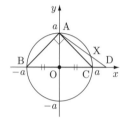

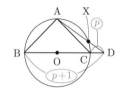

(2)　直線ADの式は　$y=-\dfrac{1}{2p+1}x+a$　……①

　　△ABCの外接円の式は　$x^2+y^2=a^2$　……②

直線①と円②の交点Xの座標を求める。

①，②よりyを消去して

$$x^2+\left(-\frac{1}{2p+1}x+a\right)^2=a^2$$

$$(4p^2+4p+2)x^2-2(2p+1)ax=0$$

$$x\{(2p^2+2p+1)x-(2p+1)a\}=0$$

$x\neq0$　より　$x=\dfrac{(2p+1)a}{2p^2+2p+1}$　……③

③を①に代入して

$$y=-\frac{1}{2p+1}\cdot\frac{(2p+1)a}{2p^2+2p+1}+a$$

$$=\frac{(2p^2+2p)a}{2p^2+2p+1}$$

以上より　$X\left(\dfrac{(2p+1)a}{2p^2+2p+1},\ \dfrac{(2p^2+2p)a}{2p^2+2p+1}\right)$

$\therefore\ \overrightarrow{OX}=\dfrac{2p+1}{2p^2+2p+1}\overrightarrow{OC}+\dfrac{2p^2+2p}{2p^2+2p+1}\overrightarrow{OA}$ ← $\begin{array}{l}\overrightarrow{OC}=(a,\ 0)\\ \overrightarrow{OA}=(0,\ a)\end{array}$ より！

$\qquad =\dfrac{2p^2+2p}{2p^2+2p+1}\overrightarrow{OA}+\dfrac{2p+1}{2p^2+2p+1}\overrightarrow{OC}$

別解　点Xは線分 AD 上で点Aと異なる点であるから ← $\begin{array}{l}\text{点Xは線分 AD 上}\\ \overrightarrow{AX}=t\overrightarrow{AD}\quad(0<t\leqq1)\\ \overrightarrow{OX}=(1-t)\overrightarrow{OA}+t\overrightarrow{OD}\end{array}$

$\qquad \overrightarrow{OX}=(1-t)\overrightarrow{OA}+t\overrightarrow{OD}\quad(0<t\leqq1)$ ……④

(1)の結果を④に代入して

$\qquad \overrightarrow{OX}=(1-t)\overrightarrow{OA}+t(2p+1)\overrightarrow{OC}$ ……⑤

また，**点Xは △ABC の外接円上より**

$\qquad |\overrightarrow{OX}|=|\overrightarrow{OA}|$ すなわち $|\overrightarrow{OX}|^2=|\overrightarrow{OA}|^2$ ……⑥

⑤を⑥に代入して

$\qquad (1-t)^2|\overrightarrow{OA}|^2+2t(1-t)(2p+1)\overrightarrow{OA}\cdot\overrightarrow{OC}+t^2(2p+1)^2|\overrightarrow{OC}|^2=|\overrightarrow{OA}|^2$

ここで，$\overrightarrow{OA}\perp\overrightarrow{OC}$ より $\overrightarrow{OA}\cdot\overrightarrow{OC}=0$ であり，また，$|\overrightarrow{OA}|=|\overrightarrow{OC}|$（$\neq0$）でもあるので

$\qquad (1-t)^2+t^2(2p+1)^2=1$ ← 今回は，$\overrightarrow{OA}\cdot\overrightarrow{OC}=0$ なので，計算がかなり楽になります！

$\qquad (4p^2+4p+2)t^2-2t=0$

$\qquad t\{(2p^2+2p+1)t-1\}=0$

$t\neq0$ より　$t=\dfrac{1}{2p^2+2p+1}$ ……⑦　（これは，$p>0$ より，$0<t\leqq1$ を満たす。）

⑦を⑤に代入して

$\qquad \overrightarrow{OX}=\dfrac{2p^2+2p}{2p^2+2p+1}\overrightarrow{OA}+\dfrac{2p+1}{2p^2+2p+1}\overrightarrow{OC}$

重要ポイント 総整理！

図形問題における座標平面の設定

　図形問題の中には，座標平面を導入し，問題を計算主体に変えることで解きやすくなる問題があります。座標平面を導入する際，**図形の対称性を活かして，できる限り計算が簡単になるように，上手く座標を設定する**ことがコツになります。**できる限り文字の種類が多くならないように気を配る**ことも重要です！　次の問題を通して，上手い座標の設定の仕方をマスターしましょう！

> 　$\triangle ABC$ において，面積が 1 で $AB=2$ であるとき，$BC^2+(2\sqrt{3}-1)AC^2$ の値を最小にするような $\angle BAC$ の大きさを求めよ。
> （北海道大）

　座標平面において，点Aを原点，点Bを $B(2,\ 0)$ となるように設定する。◀ 座標を上手く設定します！

　点Cから辺 AB に垂線 CH を下ろすと，$AB=2$，$\triangle ABC$ の面積が 1 であるから　$CH=1$

　このとき，点Cは $C(x,\ 1)$ とおける。

$$BC^2+(2\sqrt{3}-1)AC^2=(x-2)^2+1^2+(2\sqrt{3}-1)(x^2+1^2)$$
$$=2\sqrt{3}\,x^2-4x+4+2\sqrt{3}$$
$$=2\sqrt{3}\left(x-\frac{1}{\sqrt{3}}\right)^2+4+\frac{4\sqrt{3}}{3}$$

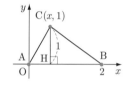

　よって，$x=\dfrac{1}{\sqrt{3}}$ のとき，最小値 $4+\dfrac{4\sqrt{3}}{3}$ をとる。

　このとき　$\tan\angle BAC=\dfrac{CH}{OH}=\dfrac{1}{x}=\sqrt{3}$　　$\therefore$　$\angle BAC=\underline{\mathbf{60°}}$

　次の問題は，**辺 BC を x 軸上に設定し，辺 BC の中点 M を原点にとると，文字の種類が多くならず，計算が楽になります！**　上手い座標の設定の仕方をマスターしましょう！

> 　鋭角三角形 ABC において，辺 BC の中点を M，A から辺 BC に引いた垂線を AH とする。点 P を線分 MH 上にとるとき，$AB^2+AC^2\geqq 2AP^2+BP^2+CP^2$ となることを示せ。
> （京都大）

　座標平面において，点 M を原点，点Bを $B(-a,\ 0)$，点Cを $C(a,\ 0)$，点Aを $A(b,\ c)$ となるように設定する。◀ 辺 BC を x 軸上に設定し，辺 BC の中点 M を原点にとると，2 点 B，C もシンプルに設定することができます！

　このとき，$H(b,\ 0)$ は線分 CM 上としても，一般性は失われない。◀ Hを線分 BM 上にとっても，結局，同じことになります！

　また，$\triangle ABC$ は鋭角三角形であるから　$0<b<a$ ◀ $a\leqq b$ だと $\angle ACB\geqq 90°$ となります！

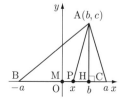

このとき，点Pは線分 MH 上であるから，

$P(x,\ 0)\ (0 \le x \le b)$ とおくと

$$AB^2+AC^2=\{(a+b)^2+c^2\}+\{(a-b)^2+c^2\}$$
$$=2(a^2+b^2+c^2)$$
$$2AP^2+BP^2+CP^2=2\{(x-b)^2+c^2\}+(x+a)^2+(x-a)^2$$
$$=2(a^2+b^2+c^2)+4(x^2-bx)$$

よって

$$AB^2+AC^2-(2AP^2+BP^2+CP^2)=4x(b-x) \ge 0 \quad (\because \quad 0 \le x \le b)$$

したがって

$$AB^2+AC^2 \ge 2AP^2+BP^2+CP^2 \quad \Box$$

テーマ **23** | 図形の総合力！ どの分野で解くか？ Part 2

これだけは！ 23

解答 $\overrightarrow{OB} \perp \overrightarrow{OC}$, $|\overrightarrow{OB}| = |\overrightarrow{OC}| = 3$ であるから，座標空間において，点Oを$O(0, 0, 0)$，点Bを$B(3, 0, 0)$，点Cを$C(0, 3, 0)$ となるように設定する。◀

$A(x, y, z)$ $(z > 0)$ とおくと，$\overrightarrow{OA} \cdot \overrightarrow{BC} = 0$, $|\overrightarrow{OA}|^2 = 4$, $|\overrightarrow{AB}|^2 = 7$ であるから

$$\begin{cases} -3x + 3y = 0 & \cdots\cdots① \\ x^2 + y^2 + z^2 = 4 & \cdots\cdots② \\ (x-3)^2 + y^2 + z^2 = 7 & \cdots\cdots③ \end{cases}$$

> △OBC が直角二等辺三角形なので，この三角形をxy平面に設定します！

①より $x = y$

②−③ より $6x - 9 = -3$ ∴ $x = 1$

このとき $y = 1$

②より $z^2 = 4 - 1 - 1 = 2$ ∴ $z = \sqrt{2}$ (>0)

したがって $A(1, 1, \sqrt{2})$

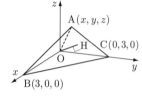

Hは平面 ABC 上にあるから，$\overrightarrow{AH} = s\overrightarrow{AB} + t\overrightarrow{AC}$ （s, t は実数）とおける。◀

$\overrightarrow{OH} = \overrightarrow{OA} + \overrightarrow{AH} = \overrightarrow{OA} + s\overrightarrow{AB} + t\overrightarrow{AC}$

> 点が平面上ときたらこのおき方ですね！

$\overrightarrow{AB} = (2, -1, -\sqrt{2})$, $\overrightarrow{AC} = (-1, 2, -\sqrt{2})$ であるから

$\overrightarrow{OH} = (1, 1, \sqrt{2}) + s(2, -1, -\sqrt{2}) + t(-1, 2, -\sqrt{2})$

$= (2s - t + 1, -s + 2t + 1, \sqrt{2}(-s - t + 1))$

$\overrightarrow{OH} \perp$ 平面 ABC より，$\overrightarrow{OH} \perp \overrightarrow{AB}$, $\overrightarrow{OH} \perp \overrightarrow{AC}$ であるから $\overrightarrow{OH} \cdot \overrightarrow{AB} = 0$, $\overrightarrow{OH} \cdot \overrightarrow{AC} = 0$

$\overrightarrow{OH} \cdot \overrightarrow{AB} = 0$ より

$2(2s - t + 1) - (-s + 2t + 1) - 2(-s - t + 1) = 0$ ∴ $7s - 2t - 1 = 0$ $\cdots\cdots④$

$\overrightarrow{OH} \cdot \overrightarrow{AC} = 0$ より

$-(2s - t + 1) + 2(-s + 2t + 1) - 2(-s - t + 1) = 0$ ∴ $-2s + 7t - 1 = 0$ $\cdots\cdots⑤$

④, ⑤を解くと $s = \dfrac{1}{5}$, $t = \dfrac{1}{5}$

このとき $\overrightarrow{OH} = \left(\dfrac{6}{5}, \dfrac{6}{5}, \dfrac{3\sqrt{2}}{5} \right) = \dfrac{3}{5}(2, 2, \sqrt{2})$

よって $|\overrightarrow{OH}| = \dfrac{3}{5}\sqrt{2^2 + 2^2 + (\sqrt{2})^2} = \underline{\dfrac{3\sqrt{10}}{5}}$

$A(1, 1, \sqrt{2})$ を求めた後の別解

別解 1 $|\overrightarrow{OH}|$ の求め方 〈平面の方程式の利用〉

平面 ABC の方程式を $ax + by + cz + d = 0$ とおく。◀

$A(1, 1, \sqrt{2})$, $B(3, 0, 0)$, $C(0, 3, 0)$ を通るから

> 点Bと点Cの座標がシンプルなので，平面の方程式に代入して考えます！
> **重要ポイント 総整理！** を参照！

$$\begin{cases} a+b+\sqrt{2}\,c+d=0 & \cdots\cdots⑥ \\ 3a+d=0 & \cdots\cdots⑦ \\ 3b+d=0 & \cdots\cdots⑧ \end{cases}$$

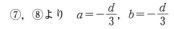

⑦，⑧より　$a=-\dfrac{d}{3}$，$b=-\dfrac{d}{3}$

このとき，⑥より　$c=-\dfrac{d}{3\sqrt{2}}$

よって，平面 ABC の方程式は　$-\dfrac{d}{3}x-\dfrac{d}{3}y-\dfrac{d}{3\sqrt{2}}z+d=0$ ◀

> 平面 ABC は原点
> を通らないので
> $d \neq 0$ です！

∴　$\sqrt{2}\,x+\sqrt{2}\,y+z-3\sqrt{2}=0$

点と平面の距離の公式より　$|\overrightarrow{\mathrm{OH}}|=\dfrac{|-3\sqrt{2}\,|}{\sqrt{(\sqrt{2})^2+(\sqrt{2})^2+1^2}}=\dfrac{3\sqrt{10}}{5}$

別解 2　$|\overrightarrow{\mathrm{OH}}|$ の求め方　〈内積の図形的意味と外積の利用〉

$\overrightarrow{\mathrm{AB}}=(2,\ -1,\ -\sqrt{2})$，$\overrightarrow{\mathrm{AC}}=(-1,\ 2,\ -\sqrt{2})$ の両方に垂直なベクトルの 1 つの $\vec{x}$ は

$\vec{x}=\overrightarrow{\mathrm{AB}}\times\overrightarrow{\mathrm{AC}}=(3\sqrt{2},\ 3\sqrt{2},\ 3)$ ◀

ここで，**内積の図形的意味**を考えて

$|\overrightarrow{\mathrm{OA}}\cdot\vec{x}|=|\overrightarrow{\mathrm{OH}}||\vec{x}|$ ◀

$|1\cdot 3\sqrt{2}+1\cdot 3\sqrt{2}+\sqrt{2}\cdot 3|$

$=|\overrightarrow{\mathrm{OH}}|\cdot\sqrt{(3\sqrt{2})^2+(3\sqrt{2})^2+3^2}$

∴　$|\overrightarrow{\mathrm{OH}}|=\dfrac{9\sqrt{2}}{3\sqrt{5}}=\dfrac{3\sqrt{10}}{5}$

> テーマ 12 内積の図形的意味
> $\overrightarrow{\mathrm{OA}}$ と $\vec{x}$ のなす角が鋭角のとき
> $\overrightarrow{\mathrm{OA}}\cdot\vec{x}=|\overrightarrow{\mathrm{OH}}||\vec{x}|$
> 　　　　(相手の影)・(自分の長さ)
> $\overrightarrow{\mathrm{OA}}$ と $\vec{x}$ のなす角が鈍角のとき
> $\overrightarrow{\mathrm{OA}}\cdot\vec{x}=-|\overrightarrow{\mathrm{OH}}||\vec{x}|$ ですので，
> 絶対値をつけて処理します！

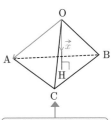

別解 3　$|\overrightarrow{\mathrm{OH}}|$ の求め方

〈正射影ベクトルと外積の利用〉

$\overrightarrow{\mathrm{AB}}=(2,\ -1,\ -\sqrt{2})$，$\overrightarrow{\mathrm{AC}}=(-1,\ 2,\ -\sqrt{2})$ の両方に垂直な

ベクトルの 1 つの $\vec{x}$ は

$\vec{x}=\overrightarrow{\mathrm{AB}}\times\overrightarrow{\mathrm{AC}}=(3\sqrt{2},\ 3\sqrt{2},\ 3)$

ここで，$\overrightarrow{\mathrm{OA}}$ の $\vec{x}$ への正射影ベクトル $\overrightarrow{\mathrm{OH}}$ を考えて

$\overrightarrow{\mathrm{OH}}=\dfrac{\overrightarrow{\mathrm{OA}}\cdot\vec{x}}{|\vec{x}|^2}\vec{x}$ ◀

> テーマ 13 正射影ベクトル
> $\vec{x}$ と $\overrightarrow{\mathrm{OH}}$ が同じ向きでも逆向
> きでも
> $\overrightarrow{\mathrm{OH}}=\dfrac{\overrightarrow{\mathrm{OA}}\cdot\vec{x}}{|\vec{x}|^2}\vec{x}$ と表せます！

$=\dfrac{1\cdot 3\sqrt{2}+1\cdot 3\sqrt{2}+\sqrt{2}\cdot 3}{(3\sqrt{2})^2+(3\sqrt{2})^2+3^2}\vec{x}=\dfrac{3}{5}(2,\ 2,\ \sqrt{2})$

∴　$|\overrightarrow{\mathrm{OH}}|=\dfrac{3}{5}\sqrt{2^2+2^2+(\sqrt{2})^2}$

$=\dfrac{3\sqrt{10}}{5}$

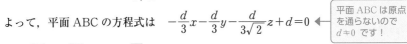

> とりあえず $\vec{x}$ は下向きで
> かいていますが，実際は
> 上向きかもしれません！

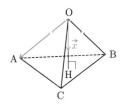

重要ポイント 総整理!

図形問題における座標空間の設定

空間図形の問題の中には，**座標空間を導入し，問題を計算主体に変える**ことで解きやすくなる問題があります。**空間図形のどこかの面が直角三角形**であれば，座標空間を導入するには，もってこいの状況です。この直角三角形を xy 平面に設定し，特に，直角になる頂点を原点に，その他の頂点を x 軸上，そして，y 軸上に設定するのがポイントになります！

次の問題で，このコツを押さえましょう！

> 辺の長さが AB$=3$，AC$=4$，BC$=5$，AD$=6$，BD$=7$，CD$=8$ である四面体 ABCD の体積 V を求めよ。
>
> （京都大）

AB$=3$，AC$=4$，BC$=5$ より，△ABC は直角三角形であるから，座標空間において，点Aを A$(0, 0, 0)$，点Bを B$(3, 0, 0)$，点Cを C$(0, 4, 0)$ となるように設定する。◀

> △ABC が直角三角形なので，この三角形を xy 平面に設定します！

D(x, y, z) $(z>0)$ とおくと，AD$=6$，BD$=7$，CD$=8$ であるから

$$x^2+y^2+z^2=36 \quad \cdots\cdots\text{①}$$
$$(x-3)^2+y^2+z^2=49 \quad \cdots\cdots\text{②}$$
$$x^2+(y-4)^2+z^2=64 \quad \cdots\cdots\text{③}$$

①$-$② より $\quad 6x-9=-13 \quad \therefore \quad x=-\dfrac{2}{3}$

①$-$③ より $\quad 8y-16=-28 \quad \therefore \quad y=-\dfrac{3}{2}$

これらを①に代入して

$$z^2=36-\frac{4}{9}-\frac{9}{4}=\frac{1199}{36} \quad \therefore \quad z=\frac{\sqrt{1199}}{6} \ (>0)$$

$\therefore \quad$ D$\left(-\dfrac{2}{3}, -\dfrac{3}{2}, \dfrac{\sqrt{1199}}{6}\right)$

よって，求める体積 V は

$$\underline{V}=\frac{1}{3}\cdot\triangle\text{ABC}\cdot z$$

$$=\frac{1}{3}\cdot\left(\frac{1}{2}\cdot3\cdot4\right)\cdot\frac{\sqrt{1199}}{6}$$

$$=\underline{\frac{\sqrt{1199}}{3}}$$

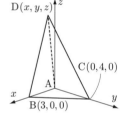

平面の方程式，点と平面の距離の公式，外積

（平面の方程式）

　座標平面において，一般に，**直線の方程式は**，$ax+by+c=0$ の形で表すことができました。このとき，この直線の方程式の x, y の係数の組 (a, b) は，この直線の法線ベクトルを表していました。座標空間において，平面の方程式は，どう表せるのでしょうか？

　実は，**平面の方程式は**，$ax+by+cz+d=0$ の形で表すことができます。このとき，この平面の方程式の x, y, z の係数の組 (a, b, c) は，この平面の法線ベクトルを表しています。

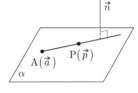

　定点 $\mathrm{A}(\vec{a})$ を通り，$\vec{n}\ (\neq \vec{0})$ に垂直な平面 α 上の点 $\mathrm{P}(\vec{p})$ について $\vec{n}\perp\overrightarrow{\mathrm{AP}}$ または $\overrightarrow{\mathrm{AP}}=\vec{0}$ であるので，$\vec{n}\cdot\overrightarrow{\mathrm{AP}}=0$ すなわち $\vec{n}\cdot(\vec{p}-\vec{a})=0$

　ここで，$\mathrm{A}(x_1, y_1, z_1)$, $\mathrm{P}(x, y, z)$, $\vec{n}=(a, b, c)$ とすると

$$a(x-x_1)+b(y-y_1)+c(z-z_1)=0$$

> 平面の法線ベクトル（外積で求まります）と通る1点が分かっている場合は，こちらを使います！

$-ax_1-by_1-cz_1=d$ とおくと

$$ax+by+cz+d=0 \quad \square$$

（点と平面の距離の公式）

　座標平面において，**点 $\mathrm{A}(x_1, y_1)$ と直線 $ax+by+c=0$ の距離 d は**，

$$d=\frac{|ax_1+by_1+c|}{\sqrt{a^2+b^2}}$$

でしたね。それでは，座標空間において，点と平面の距離はどうなるのでしょうか？　実は，**点 $\mathrm{A}(x_1, y_1, z_1)$ と平面 $ax+by+cz+d=0$ の距離 h は**，

$$h=\frac{|ax_1+by_1+cz_1+d|}{\sqrt{a^2+b^2+c^2}}$$ となります。

　平面 $\alpha : ax+by+cz+d=0$ 上にない点 $\mathrm{A}(x_1, y_1, z_1)$ から平面 α に垂線 AH を下ろす。$\mathrm{H}(x_2, y_2, z_2)$ とする。

　平面 α の法線ベクトル $\vec{n}=(a, b, c)$ と $\overrightarrow{\mathrm{AH}}$ の**内積の図形的意味**を考えると

$$|\overrightarrow{\mathrm{AH}}\cdot\vec{n}|=|\overrightarrow{\mathrm{AH}}||\vec{n}|$$

$$|a(x_2-x_1)+b(y_2-y_1)+c(z_2-z_1)|=h\cdot\sqrt{a^2+b^2+c^2}$$

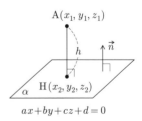

$ax+by+cz+d=0$

　ここで，点Hは平面 $\alpha : ax+by+cz+d=0$ 上より，$ax_2+by_2+cz_2+d=0$ であるから

$$|a(x_2-x_1)+b(y_2-y_1)+c(z_2-z_1)|=h\cdot\sqrt{a^2+b^2+c^2}$$

$$|-(ax_1+by_1+cz_1+d)|=h\cdot\sqrt{a^2+b^2+c^2}$$

$$\therefore\quad h=\frac{|ax_1+by_1+cz_1+d|}{\sqrt{a^2+b^2+c^2}} \quad (\because\ \vec{n}\neq\vec{0})$$

> テーマ12 内積の図形的意味
> $\overrightarrow{\mathrm{AH}}$ と $\vec{n}$ が同じ向きのとき
> $\overrightarrow{\mathrm{AH}}\cdot\vec{n}=|\overrightarrow{\mathrm{AH}}||\vec{n}|$
> 　　（相手の影）・（自分の長さ）
> $\overrightarrow{\mathrm{AH}}$ と $\vec{n}$ が逆向きのとき
> $\overrightarrow{\mathrm{AH}}\cdot\vec{n}=-|\overrightarrow{\mathrm{AH}}||\vec{n}|$ ですので，
> 絶対値をつけて処理します！

（外積）

ベクトルの外積について，簡単に触れておきます。$\vec{a}=(a_1,\ a_2,\ a_3)$，$\vec{b}=(b_1,\ b_2,\ b_3)$，のとき，$\vec{a}\times\vec{b}=(a_2b_3-a_3b_2,\ a_3b_1-a_1b_3,\ a_1b_2-a_2b_1)$ を，$\vec{a}$ と $\vec{b}$ の外積といいます。

$\vec{a}\times\vec{b}$ の計算の仕方について

← $\vec{a}$ の成分を 2 回かく！

← $\vec{b}$ の成分を 2 回かく！

両端は使わないので消します！

$$\vec{a}\times\vec{b}=(a_2b_3-a_3b_2,\ a_3b_1-a_1b_3,\ a_1b_2-a_2b_1)$$

← 後は，対角の数の積の差を順にかいています！

実は，この $\vec{a}$ と $\vec{b}$ の外積 $\vec{a}\times\vec{b}$ のベクトルは，$\vec{a}$ と $\vec{b}$ の両方に垂直なベクトルになっています！ $\vec{c}=\vec{a}\times\vec{b}$ とおいて $\vec{c}\cdot\vec{a}=0$，$\vec{c}\cdot\vec{b}=0$ が示せれば，両方に垂直になります。実際に

$$\vec{c}\cdot\vec{a}=(a_2b_3-a_3b_2)a_1+(a_3b_1-a_1b_3)a_2+(a_1b_2-a_2b_1)a_3$$
$$=(a_1a_2b_3-a_1a_3b_2)+(a_2a_3b_1-a_1a_2b_3)+(a_1a_3b_2-a_2a_3b_1)$$
$$=0$$
$$\vec{c}\cdot\vec{b}=(a_2b_3-a_3b_2)b_1+(a_3b_1-a_1b_3)b_2+(a_1b_2-a_2b_1)b_3$$
$$=(a_2b_1b_3-a_3b_1b_2)+(a_3b_1b_2-a_1b_2b_3)+(a_1b_2b_3-a_2b_1b_3)$$
$$=0$$

ですので，例えば，$\overrightarrow{AB}=(-1,\ 0,\ 2)$，$\overrightarrow{AC}=(0,\ -2,\ 1)$ の両方に垂直なベクトルの 1 つの $\vec{x}$ は，外積の計算で一瞬で求まります！

$$\vec{x}=\overrightarrow{AB}\times\overrightarrow{AC}$$
$$=(0\cdot1-2\cdot(-2),\ 2\cdot0-(-1)\cdot1,\ (-1)\cdot(-2)-0\cdot0)$$
$$=(4,\ 1,\ 2)$$

さらに，$\vec{a}$ と $\vec{b}$ の外積のベクトルの大きさ $|\vec{a}\times\vec{b}|$ は，$\vec{a}$ と $\vec{b}$ で張られる平行四辺形の面積を表しています。実際に計算すると

$$|\vec{c}|^2=(a_2b_3-a_3b_2)^2+(a_3b_1-a_1b_3)^2+(a_1b_2-a_2b_1)^2$$
$$=(a_2b_3)^2-2a_2a_3b_2b_3+(a_3b_2)^2+(a_3b_1)^2-2a_1a_3b_1b_3+(a_1b_3)^2$$
$$\qquad\qquad\qquad\qquad+(a_1b_2)^2-2a_1a_2b_1b_2+(a_2b_1)^2$$
$$=(a_1{}^2+a_2{}^2+a_3{}^2)(b_1{}^2+b_2{}^2+b_3{}^2)-(a_1b_1+a_2b_2+a_3b_3)^2$$
$$=|\vec{a}|^2|\vec{b}|^2-(\vec{a}\cdot\vec{b})^2$$

← ベクトル版の三角形の面積公式を 2 倍した式ですね！

ですので，確かになっていますね。このことから，例えば，$\overrightarrow{AB}=(-1,\ 0,\ 2)$，$\overrightarrow{AC}=(0,\ -2,\ 1)$ で張られる平行四辺形の面積は，外積の大きさの計算で一瞬で求まります！

$\overrightarrow{AB}\times\overrightarrow{AC}=(4,\ 1,\ 2)$ より，平行四辺形の面積は

$$|\overrightarrow{AB}\times\overrightarrow{AC}|=\sqrt{4^2+1^2+2^2}=\sqrt{21}$$

O を原点とする空間内に3点 A, B, C があり, 4点 O, A, B, C は同一平面上にはな いものとする。$\overrightarrow{OA}=\vec{a}$, $\overrightarrow{OB}=\vec{b}$, $\overrightarrow{OC}=\vec{c}$ とおき, 点Pを $\overrightarrow{OP}=2\vec{a}+3\vec{b}+4\vec{c}$ により定ま る点とするとき, 次の問いに答えよ。

(1) 四面体 PABC の体積と四面体 OABC の体積の比を求めよ。

(2) A, B, C の座標をそれぞれ (1, 2, 0), (0, 2, 2), (1, 0, 1) とするとき, 四面体 PABC の体積を求めよ。

(名古屋市立大)

(1) 直線 OP と平面 ABC の交点を Q とすると, $\overrightarrow{OQ}=k\overrightarrow{OP}$ (k は 実数) とおける。

$$\overrightarrow{OQ}=(2k)\vec{a}+\boxed{3k}\vec{b}+\boxed{4k}\vec{c}$$

点Qは平面 ABC 上にあるから

$$(2k)+\boxed{3k}+\boxed{4k}=1$$

$$\therefore\quad k=\frac{1}{9}\quad\therefore\quad \overrightarrow{OQ}=\frac{1}{9}\overrightarrow{OP}$$

よって PQ : QO = 8 : 1 ← PQ : QO は高さの比と一致します！

したがって, 四面体 PABC と四面体 OABC の体積比は **8 : 1**

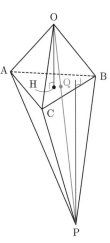

四面体 PABC と 四面体 OABC は 底面 △ABC を共有 しています！ すな わち, 体積比は高さ の比と等しいです！

(2) 四面体 OABC の体積を V とすると, 求める体積は **8V**

点 O から平面 ABC に垂線 OH を下ろす。

Hは平面 ABC 上にあるから,

$$\overrightarrow{AH}=s\overrightarrow{AB}+t\overrightarrow{AC}\quad (s,\ t\ は実数)\ とおける。$$

点が平面上のと きたらこのおき方 ですね！

$$\overrightarrow{OH}=\overrightarrow{OA}+\overrightarrow{AH}$$
$$=\overrightarrow{OA}+s\overrightarrow{AB}+t\overrightarrow{AC}$$

$\overrightarrow{AB}=(-1,\ 0,\ 2)$, $\overrightarrow{AC}=(0,\ -2,\ 1)$ であるから

$$\overrightarrow{OH}=(1,\ 2,\ 0)+s(-1,\ 0,\ 2)+t(0,\ -2,\ 1)$$
$$=(-s+1,\ -2t+2,\ 2s+t)$$

$\overrightarrow{OH}\perp$平面 ABC より, $\overrightarrow{OH}\perp\overrightarrow{AB}$, $\overrightarrow{OH}\perp\overrightarrow{AC}$ であるから

$$\overrightarrow{OH}\cdot\overrightarrow{AB}=0,\quad \overrightarrow{OH}\cdot\overrightarrow{AC}=0$$

$\overrightarrow{OH}\cdot\overrightarrow{AB}=0$ より

$$-(-s+1)+2(2s+t)=0\quad\therefore\quad 5s+2t=1\quad\cdots\cdots④$$

$\overrightarrow{OH}\cdot\overrightarrow{AC}=0$ より

$$-2(-2t+2)+(2s+t)=0\quad\therefore\quad 2s+5t=4\quad\cdots\cdots⑤$$

④, ⑤ を解くと $s=-\dfrac{1}{7}$, $t=\dfrac{6}{7}$

このとき $\overrightarrow{OH}=\left(\dfrac{8}{7},\ \dfrac{?}{7},\ \dfrac{4}{7}\right)=\dfrac{?}{7}(4,\ 1,\ 2)$

よって $|\overrightarrow{OH}|=\dfrac{2}{7}\sqrt{4^2+1^2+2^2}=\dfrac{2\sqrt{21}}{7}$

ここで，$|\overrightarrow{AB}|^2=(-1)^2+0^2+2^2=5$，$|\overrightarrow{AC}|^2=0^2+(-2)^2+1^2=5$，

$\overrightarrow{AB}\cdot\overrightarrow{AC}=-1\cdot0+0\cdot(-2)+2\cdot1=2$ であるから

$$\triangle ABC=\frac{1}{2}\sqrt{|\overrightarrow{AB}|^2|\overrightarrow{AC}|^2-(\overrightarrow{AB}\cdot\overrightarrow{AC})^2}=\frac{1}{2}\sqrt{5\cdot5-2^2}=\frac{\sqrt{21}}{2}$$

以上より，四面体 OABC の体積 V は

$$V=\frac{1}{3}\cdot\triangle ABC\cdot|\overrightarrow{OH}|$$

$$=\frac{1}{3}\cdot\frac{\sqrt{21}}{2}\cdot\frac{2\sqrt{21}}{7}=1$$

よって，求める四面体 PABC の体積は　$8\times1=\underline{8}$

別解 1 $|\overrightarrow{OH}|$ の求め方　〈平面の方程式の利用〉

> 点 A，B，C の座標がシンプルなので，平面の方程式に代入して考えます！

平面 ABC の方程式を $ax+by+cz+d=0$ とおく。

A$(1,\ 2,\ 0)$，B$(0,\ 2,\ 2)$，C$(1,\ 0,\ 1)$ を通るから

$$\begin{cases} a+2b+d=0 & \cdots\cdots⑥ \\ 2b+2c+d=0 & \cdots\cdots⑦ \\ a+c+d=0 & \cdots\cdots⑧ \end{cases}$$

⑥－⑦ より　$a=2c$

このとき　$a=-\dfrac{2d}{3}$，$b=-\dfrac{d}{6}$，$c=-\dfrac{d}{3}$

よって，平面 ABC の方程式は　$-\dfrac{2d}{3}x-\dfrac{d}{6}y-\dfrac{d}{3}z+d=0$

> 平面 ABC は原点を通らないので $d\neq0$ です！

∴　$4x+y+2z-6=0$

点と平面の距離の公式より　$|\overrightarrow{OH}|=\dfrac{|-6|}{\sqrt{4^2+1^2+2^2}}=\dfrac{2\sqrt{21}}{7}$

別解 2 $|\overrightarrow{OH}|$ の求め方　〈内積の図形的意味と外積の利用〉

$\overrightarrow{AB}=(-1,\ 0,\ 2)$，$\overrightarrow{AC}=(0,\ -2,\ 1)$ の両方に垂直なベクトルの1つの $\vec{x}$ は

$$\vec{x}=\overrightarrow{AB}\times\overrightarrow{AC}=(4,\ 1,\ 2)$$

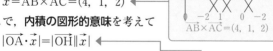

$\overrightarrow{AB}\times\overrightarrow{AC}$ の計算の仕方

$$\overrightarrow{AB}\times\overrightarrow{AC}=(4,\ 1,\ 2)$$

ここで，**内積の図形的意味**を考えて

$$|\overrightarrow{OA}\cdot\vec{x}|=|\overrightarrow{OH}||\vec{x}|$$

$$|1\cdot4+2\cdot1+0\cdot2|=|\overrightarrow{OH}|\sqrt{4^2+1^2+2^2}$$

∴　$|\overrightarrow{OH}|=\dfrac{6}{\sqrt{21}}=\dfrac{2\sqrt{21}}{7}$

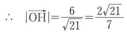

> テーマ 12 内積の図形的意味
> $\overrightarrow{OA}$ と $\vec{x}$ のなす角が鋭角のとき
> $\overrightarrow{OA}\cdot\vec{x}=|\overrightarrow{OH}||\vec{x}|$
> 　　　　（相手の影）・（自分の長さ）
> $\overrightarrow{OA}$ と $\vec{x}$ のなす角が鈍角のとき
> $\overrightarrow{OA}\cdot\vec{x}=-|\overrightarrow{OH}||\vec{x}|$
> ですので，絶対値をつけて処理します！

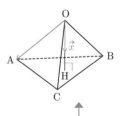

> とりあえず $\vec{x}$ は下向きでかいていますが，実際は上向きかもしれません！

別解 3 $|\overrightarrow{OH}|$ の求め方

〈正射影ベクトルと外積の利用〉

$\overrightarrow{AB}=(-1,\ 0,\ 2)$, $\overrightarrow{AC}=(0,\ -2,\ 1)$ の両方に垂直なベクトル

の1つの $\vec{x}$ は

$$\vec{x}=\overrightarrow{AB}\times\overrightarrow{AC}=(4,\ 1,\ 2)$$

ここで, $\overrightarrow{OA}$ の $\vec{x}$ への正射影ベクトル $\overrightarrow{OH}$ を考えて

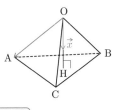

$$\overrightarrow{OH}=\frac{\overrightarrow{OA}\cdot\vec{x}}{|\vec{x}|^2}\vec{x}$$

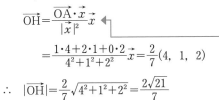

$$=\frac{1\cdot4+2\cdot1+0\cdot2}{4^2+1^2+2^2}\vec{x}=\frac{2}{7}(4,\ 1,\ 2)$$

> テーマ13 正射影ベクトル
> $\vec{x}$ と $\overrightarrow{OH}$ が同じ向きでも逆向きでも
> $$\overrightarrow{OH}=\frac{\overrightarrow{OA}\cdot\vec{x}}{|\vec{x}|^2}\vec{x}$$ と表せます!

$$\therefore\ |\overrightarrow{OH}|=\frac{2}{7}\sqrt{4^2+1^2+2^2}=\frac{2\sqrt{21}}{7}$$

別解 4 △ABC の面積の求め方 〈外積の利用〉

$\overrightarrow{AB}=(-1,\ 0,\ 2)$, $\overrightarrow{AC}=(0,\ -2,\ 1)$ の両方に垂直なベクトルの1つの $\vec{x}$ は

$$\vec{x}=\overrightarrow{AB}\times\overrightarrow{AC}=(4,\ 1,\ 2)$$

$\overrightarrow{AB}$, $\overrightarrow{AC}$ で張られる平行四辺形の面積は, 外積の大きさ $|\overrightarrow{AB}\times\overrightarrow{AC}|$ で求まるので,

$\overrightarrow{AB}\times\overrightarrow{AC}=(4,\ 1,\ 2)$ より, この平行四辺形の面積は

$$|\overrightarrow{AB}\times\overrightarrow{AC}|=\sqrt{4^2+1^2+2^2}=\sqrt{21}$$

よって, △ABC の面積は $\dfrac{\sqrt{21}}{2}$

テーマ **24** 図形の総合力！ どの分野で解くか？ Part 3

これだけは！ **24**

解答 (1) 図のように，z軸を含む平面で切った断面の三角形を
△ABC とし，△ABC と半円との接点をTとする。

$\angle OAC = \theta \ \left(0 < \theta < \dfrac{\pi}{2}\right)$ と設定すると $\angle TOC = \theta$

△AOT において $AO = \dfrac{1}{\sin\theta}$

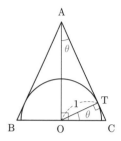

相似な直角三角形のオンパレード
です！ 直角三角形の1つの鋭角
をθと設定しましょう！
重要ポイント 総整理！ を参照！

△COT において $CO = \dfrac{1}{\cos\theta}$

△AOC において $AC = \dfrac{AO}{\cos\theta} = \dfrac{1}{\cos\theta\sin\theta}$

円錐の表面積をSとすると ← 底面積と側面積を合わせたものです！

$$S = \pi \cdot CO^2 + \dfrac{1}{2} \cdot AC \cdot (2\pi \cdot CO)$$

$$= \pi \cdot \left(\dfrac{1}{\cos\theta}\right)^2 + \dfrac{1}{2} \cdot \dfrac{1}{\cos\theta\sin\theta} \cdot 2\pi \cdot \dfrac{1}{\cos\theta}$$

$$= \pi \cdot \dfrac{1+\sin\theta}{\cos^2\theta\sin\theta}$$

$$= \pi \cdot \dfrac{1+\sin\theta}{(1-\sin^2\theta)\sin\theta}$$

三角関数の種類を$\sin\theta$に統一！

$$= \pi \cdot \dfrac{1}{(1-\sin\theta)\sin\theta} \quad (\because \ 1+\sin\theta > 0)$$

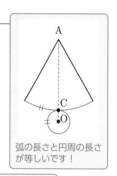

弧の長さと円周の長さ
が等しいです！

$(1-\sin\theta)\sin\theta$ が最大のとき，S が最小となる。 ← 分母が最大のとき，全体として最小になりますね！

$t = \sin\theta$ とおくと $(1-\sin\theta)\sin\theta = t - t^2$

$0 < \theta < \dfrac{\pi}{2}$ より $0 < t < 1$

$f(t) = t - t^2 \quad (0 < t < 1)$ とおくと

$$f(t) = -\left(t - \dfrac{1}{2}\right)^2 + \dfrac{1}{4}$$

Sは，$t = \dfrac{1}{2}$ すなわち $\theta = \dfrac{\pi}{6}$ のとき

最小値 $\pi \cdot \dfrac{1}{\dfrac{1}{4}} = \underline{4\pi}$ をとる。

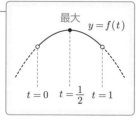

16000

(2) 円錐の体積を V とすると

$$V = \frac{1}{3}\pi \cdot CO^2 \cdot AO$$

$$= \frac{\pi}{3} \cdot \left(\frac{1}{\cos\theta}\right)^2 \cdot \frac{1}{\sin\theta}$$

$$= \frac{\pi}{3} \cdot \frac{1}{\cos^2\theta \sin\theta}$$

$$= \frac{\pi}{3} \cdot \frac{1}{(1-\sin^2\theta)\sin\theta}$$

$(1-\sin^2\theta)\sin\theta$ が最大のとき，V が最小となる。 ◀━━ 分母が最大のとき，全体として最小になりますね！

$t = \sin\theta$ とおくと $(1-\sin^2\theta)\sin\theta = t - t^3$

$0 < \theta < \dfrac{\pi}{2}$ より $0 < t < 1$

$f(t) = t - t^3 \quad (0 < t < 1)$ とおくと

$$f'(t) = 1 - 3t^2 = -3\left(t + \frac{1}{\sqrt{3}}\right)\left(t - \frac{1}{\sqrt{3}}\right)$$ ◀━

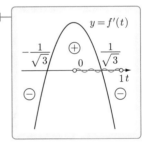

よって，$0 < t < 1$ における $f(t)$ の増減表は

t	0	$\cdots$	$\dfrac{1}{\sqrt{3}}$	$\cdots$	1
$f'(t)$		+	0	−	
$f(t)$		↗	$\dfrac{2}{3\sqrt{3}}$	↘	

となり，$t = \dfrac{1}{\sqrt{3}}$ のとき，V は最小値 $\dfrac{\pi}{3} \cdot \dfrac{1}{\dfrac{2}{3\sqrt{3}}} = \dfrac{\sqrt{3}}{2}\pi$ をとる。 ◀━

$\sin\theta = \dfrac{1}{\sqrt{3}} \left(0 < \theta < \dfrac{\pi}{2}\right)$ を満たす θ は具体的には求まりませんね！

重要ポイント 総整理!

図形問題における角 θ の設定

相似な直角三角形が複数ある図形の問題の場合，その直角三角形の鋭角に θ を導入することで，解きやすくなる問題があります。次のように，**角 θ を導入することで，直角三角形の辺の長さを θ を用いて表すことができます。**

① AB=1 のとき，BC=$\cos\theta$，AC=$\sin\theta$

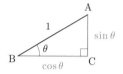

② BC=1 のとき，AC=$\tan\theta$，AB=$\dfrac{1}{\cos\theta}$

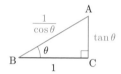

③ AC=1 のとき，BC=$\dfrac{1}{\tan\theta}$，AB=$\dfrac{1}{\sin\theta}$

次の問題で，角 θ を導入することで解きやすくなることを体感しましょう！

> 原点を O とする半径 1 の円 C 上に 2 点 P，Q をとる。∠POQ が直角であるように点 P が第 1 象限を，点 Q が第 2 象限を動くとき，点 P における C の接線，点 Q における C の接線，および x 軸が囲む三角形を考える。この三角形の面積が最小になるのはどのような場合か。また，その最小値を求めよ。
>
> (京都大)

図のように，考える三角形を △ABC とする。

∠ABC=θ $\left(0<\theta<\dfrac{\pi}{2}\right)$ と設定する。 ◀ 相似な直角三角形がありますね！ 直角三角形の 1 つの鋭角を θ と設定します！

AB∥PO より ∠POC=∠ABC=θ

△QBO において QB=$\dfrac{1}{\tan\theta}$

△POC において PC=$\tan\theta$

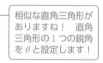

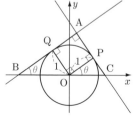

四角形 AQOP は 1 辺の長さが 1 の正方形であるから，△ABC の面積を S とすると

$$S = \frac{1}{2} \cdot AB \cdot AC$$

$$= \frac{1}{2} \cdot (AQ + QB) \cdot (AP + PC)$$

$$= \frac{1}{2} \cdot \left(1 + \frac{1}{\tan\theta}\right) \cdot (1 + \tan\theta)$$

$$= \frac{1}{2} \cdot \left(2 + \tan\theta + \frac{1}{\tan\theta}\right) \quad \longleftarrow \boxed{\text{この形を見たら，相加平均と相乗平均の不等式を連想できるように！}}$$

$\tan\theta > 0,\ \dfrac{1}{\tan\theta} > 0$ であるから，**相加平均と相乗平均の不等式**により $\longleftarrow$ $\boxed{\text{前提条件を満たしていることを確認します！}}$

$$S \geq \frac{1}{2} \cdot \left(2 + 2\sqrt{\tan\theta \cdot \frac{1}{\tan\theta}}\right) = 2$$

等号成立条件は $\tan\theta = \dfrac{1}{\tan\theta}$ のとき，すなわち $\tan\theta = 1\ (>0)$ で，$\theta = \dfrac{\pi}{4}$ のときである。 $\longleftarrow$ $\boxed{\text{等号成立条件のチェックを忘れずに！}}$

よって，△ABC が直角二等辺三角形のときに最小値 <u>2</u> をとる。

テーマ 25 | 漸化式の立て方　円が絡む図形編！

これだけは! 25

解答 (1) $y=x^2$ ……①

領域 D 内で，中心が y 軸上で，原点を通る円の方程式は，円の半径を $a\,(>0)$ とすると $x^2+(y-a)^2=a^2$ ……② とおける。

①，②の共有点の y 座標を調べると

$$y+(y-a)^2=a^2$$

$$y\{y-(2a-1)\}=0$$

$$\therefore\quad y=0,\ 2a-1$$

> $2a-1>0$ のときは，円と放物線の共有点が 3 個存在！
> $2a-1\leqq0$ のときは，円と放物線の共有点が 1 個存在！

共有点は原点のみであるから $2a-1\leqq0$

$a>0$ より $0<a\leqq\dfrac{1}{2}$

よって，最も半径の大きい円が C_1 であるから $\underline{a_1=\dfrac{1}{2}}$

別解 円の中心 $A(0,\ a)$ $(a>0)$ から放物線 $y=x^2$ ……① 上の点 $X(t,\ t^2)$ までの距離 AX の最小値について考える。

$$AX^2=t^2+(t^2-a)^2$$

$$=t^4-(2a-1)t^2+a^2$$

$$=\left\{t^2-\left(a-\dfrac{1}{2}\right)\right\}^2+a-\dfrac{1}{4}\quad(t^2\geqq0)$$

> テーマ 5 の **重要ポイント 総整理！** で扱った，京都大の問題の誘導に従っても解けます！

> 2 次関数（$t^2=x$ と思えば）の最小です から，軸が区間に入るかどうかで場合分けです！

よって

$a-\dfrac{1}{2}<0$ すなわち $a<\dfrac{1}{2}$ のとき

$t^2=0$ で AX^2 の最小値 a^2

$a-\dfrac{1}{2}\geqq0$ すなわち $a\geqq\dfrac{1}{2}$ のとき

$t^2=a-\dfrac{1}{2}$ で AX^2 の最小値 $a-\dfrac{1}{4}$ をとる。

ゆえに

(i) $0<a<\dfrac{1}{2}$ のとき

$t=0$ で AX の最小値 a

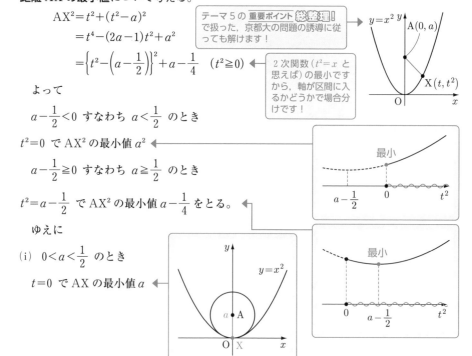

(ii) $a \geqq \dfrac{1}{2}$ のとき

$t = \pm\sqrt{a - \dfrac{1}{2}}$ で AX の最小値 $\sqrt{a - \dfrac{1}{4}}$

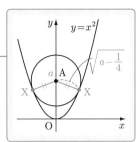

したがって，原点を通り，最も半径の大きい円が C_1 であるから，(i)，(ii) より $\underline{a_1 = \dfrac{1}{2}}$

(2) 図より，円 C_n の中心の y 座標は

$$2(a_1 + a_2 + \cdots\cdots + a_{n-1}) + a_n = 2b_{n-1} + a_n \quad (n \geqq 2)$$

よって，円 C_n の方程式は

$$x^2 + \{y - (2b_{n-1} + a_n)\}^2 = a_n{}^2 \quad (n \geqq 2) \quad \cdots\cdots③$$

> 円 C_n は半径 a_n，
> 中心 $(0,\ 2b_{n-1} + a_n)$

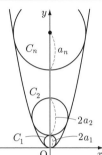

放物線①と円③の共有点の y 座標について

$$y + \{y - (2b_{n-1} + a_n)\}^2 = a_n{}^2 \quad (n \geqq 2)$$

$$y^2 - (4b_{n-1} + 2a_n - 1)y + 4b_{n-1}{}^2 + 4b_{n-1}a_n = 0 \quad \cdots\cdots④$$

放物線①と円③は $y > 0$ で接するので，この方程式は正の重解をもつ。

よって，方程式④の判別式 d について $d = 0$

$$(4b_{n-1} + 2a_n - 1)^2 - 4(4b_{n-1}{}^2 + 4b_{n-1}a_n) = 0 \quad (n \geqq 2)$$

$$16b_{n-1}{}^2 + 4a_n{}^2 + 1 + 16b_{n-1}a_n - 4a_n - 8b_{n-1} - 16b_{n-1}{}^2 - 16b_{n-1}a_n = 0$$

$$4a_n{}^2 - 4a_n + 1 - 8b_{n-1} = 0 \quad (n \geqq 2) \quad \cdots\cdots⑤$$

$a_n > \dfrac{1}{2}$ に注意して，解の公式より

$$a_n = \dfrac{2 + \sqrt{4 - 4(1 - 8b_{n-1})}}{4}$$

$$\therefore\ \underline{a_n = \dfrac{1}{2} + \sqrt{2b_{n-1}}} \quad (n \geqq 2)$$

> まだ，この時点では，④の方程式が正の重解をもつかは分からないです！ 負や 0 の重解かもしれないわけです！

このとき，方程式④の y の係数について $-(4b_{n-1} + 2a_n - 1) = -(4b_{n-1} + 2\sqrt{2b_{n-1}}) < 0$
であるから，方程式④は正の重解 $y = 2b_{n-1} + \sqrt{2b_{n-1}}$ をもつ。

(3) $4a_n{}^2 - 4a_n + 1 - 8b_{n-1} = 0 \quad (n \geqq 2) \quad \cdots\cdots⑤$

⑤より $4a_{n+1}{}^2 - 4a_{n+1} + 1 - 8b_n = 0 \quad (n \geqq 1) \quad \cdots\cdots⑥$

⑥－⑤ より

> 添え字チェックを忘れないこと！
> ⑥－⑤で得られる式は，$n \geqq 2$（⑤）
> かつ $n \geqq 1$（⑥）すなわち $n \geqq 2$
> で成り立ちます！

$$4(a_{n+1}{}^2 - a_n{}^2) - 4(a_{n+1} - a_n) - 8a_n = 0 \quad (n \geqq 2)$$

> $b_n - b_{n-1} = a_n$

$$a_{n+1}{}^2 - a_n{}^2 = a_{n+1} + a_n$$

$$(a_{n+1} + a_n)(a_{n+1} - a_n) = a_{n+1} + a_n$$

$a_{n+1} + a_n > 0$ より

$$a_{n+1} - a_n = 1 \quad (n \geqq 2) \quad \cdots\cdots⑦ \quad \text{〈等差型〉}$$

> 数列 $\{a_n\}$ $(n \geqq 2)$ は，初項 a_2，公差 1 の
> 等差数列です！ スタートの初項に気をつけましょう！ 今回は，たまたま，$a_1 = \dfrac{1}{2}$
> も含めて，等差数列になっています！

ここで，(2)と $b_1 = a_1 = \dfrac{1}{2}$ より $a_2 = \dfrac{1}{2} + \sqrt{2b_1} = \dfrac{3}{2}$

よって，⑦より，**数列 $\{a_n\}$ $(n \geqq 2)$ は，初項 $a_2 = \dfrac{3}{2}$，公差 1 の等差数列**であるから

$$a_n = a_2 + 1 \cdot (n-2) = \dfrac{3}{2} + n - 2 = n - \dfrac{1}{2} \quad (n \geqq 2)$$

これは $n=1$ のときも成り立つ。

$$\therefore \quad \underline{\boldsymbol{a_n = n - \dfrac{1}{2}} \quad (n \geqq 1)}$$

別解 円 C_n の中心の座標を $(0,\ c_n)$ とおく。 ◀── 誘導がない場合は，この別解の方針で解けます！ 重要な解き方ですよ！

円 C_1 は点 $\left(0,\ \dfrac{1}{2}\right)$ を中心とする半径 $\dfrac{1}{2}$ の円であるから

$$a_1 = \dfrac{1}{2},\ c_1 = \dfrac{1}{2}$$

C_n $(n \geqq 2)$ は放物線①と 2 点で接するから，(1)の **別解**
(ii)より

$$a_n = \sqrt{c_n - \dfrac{1}{4}}$$

これは $n=1$ のときも成り立つ。

$$\therefore \quad c_n = a_n{}^2 + \dfrac{1}{4} \quad \cdots\cdots ⑧ \ \blacktriangleleft$$

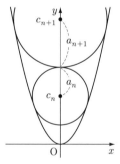

円 C_{n+1} は C_n に外接するから

$$c_{n+1} - c_n = a_{n+1} + a_n \quad \cdots\cdots ⑨ \ \blacktriangleleft$$ ── 2つの円の中心どうしを結び，中心間の距離に着目して式を立てます！

⑧，⑨より

$$\left(a_{n+1}{}^2 + \dfrac{1}{4}\right) - \left(a_n{}^2 + \dfrac{1}{4}\right) = a_{n+1} + a_n$$

$$a_{n+1}{}^2 - a_n{}^2 = a_{n+1} + a_n$$

$$(a_{n+1} + a_n)(a_{n+1} - a_n) = a_{n+1} + a_n$$

$a_{n+1} + a_n > 0$ より

$$a_{n+1} - a_n = 1 \quad \cdots\cdots ⑩ \quad \langle 等差型 \rangle \ \blacktriangleleft$$ ── この場合は初項が a_1 になりますね！

よって，⑩より，**数列 $\{a_n\}$ は，初項 $a_1 = \dfrac{1}{2}$，公差 1 の等差数列**であるから

$$\underline{a_n} = a_1 + 1 \cdot (n-1) = \dfrac{1}{2} + n - 1 = \underline{\boldsymbol{n - \dfrac{1}{2}}}$$

重要ポイント 総整理！

漸化式の立て方　円が絡む図形編！

　円と円が接する問題のポイントは，

２つの円の中心どうしを結び，中心間の距離

に着目することです！　中心間の距離を，

「半径の和（差）」と「２点間の距離公式」

の２通りで表すことで，式を立てます！　さらに，複数の円が接する問題は，難関大ではよく出題され，

中心間の距離に着目して漸化式を作成し，それを解く

ことで，円 C_n （$n \geqq 1$）の中心の座標 (a_n, b_n) や半径 r_n を求めることができます！　下の問題で，この流れを押さえておきましょう！

　次のように円 C_n を定める。まず，C_0 は $\left(0, \dfrac{1}{2}\right)$ を中心とする半径 $\dfrac{1}{2}$ の円，C_1 は $\left(1, \dfrac{1}{2}\right)$ を中心とする半径 $\dfrac{1}{2}$ の円とする。次に C_0，C_1 に外接し x 軸に接する円を C_2 とする。更に，$n=3, 4, 5, \cdots\cdots$ に対し，順に，C_0，C_{n-1} に外接し x 軸に接する円で C_{n-2} でないものを C_n とする。C_n （$n \geqq 1$）の中心の座標を (a_n, b_n) とするとき，次の問いに答えよ。ただし，２つの円が外接するとは，中心間の距離がそれぞれの円の半径の和に等しいことをいう。

(1)　$n \geqq 1$ に対し，$b_n = \dfrac{a_n{}^2}{2}$ を示せ。

(2)　a_n を求めよ。 （名古屋大）

---

(1)　円 C_n の中心が (a_n, b_n) より，C_n の半径は b_n

　　２円 C_0，C_n の中心間の距離について

$$a_n{}^2 + \left(\frac{1}{2} - b_n\right)^2 = \left(\frac{1}{2} + b_n\right)^2$$

◀ ２つの円の中心どうしを結び，中心間の距離に着目して式を立てます！

$$\therefore\quad b_n = \frac{a_n{}^2}{2} \quad \square$$

(2)　円 C_{n-1} の中心が (a_{n-1}, b_{n-1}) より，C_{n-1} の半径は b_{n-1}

　　２円 C_{n-1}，C_n の中心間の距離について

$$(a_{n-1} - a_n)^2 + (b_{n-1} - b_n)^2 = (b_n + b_{n-1})^2$$

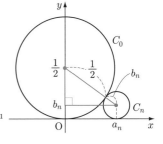

$$(a_{n-1}-a_n)^2=4b_nb_{n-1}$$

(1)より $\quad b_n=\dfrac{a_n{}^2}{2}, \quad b_{n-1}=\dfrac{a_{n-1}{}^2}{2}$

であるから

$$(a_{n-1}-a_n)^2=a_n{}^2a_{n-1}{}^2$$

$0<a_n<a_{n-1}$ より

$$a_{n-1}-a_n=a_na_{n-1}$$

$$\dfrac{1}{a_n}-\dfrac{1}{a_{n-1}}=1 \quad \leftarrow \boxed{\text{かたまりで〈等差型〉!}}$$

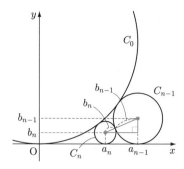

数列 $\left\{\dfrac{1}{a_n}\right\}$ は，初項 $\dfrac{1}{a_1}=1$，公差 1 の等差数列であるから

$$\dfrac{1}{a_n}=1+(n-1)\cdot1=n \qquad \therefore \quad \underline{a_n=\dfrac{1}{n}}$$

テーマ 26 | 漸化式の立て方　確率編！　Part 1

これだけは！ 26

解答 (1)　1回目後にAが2番目にいるのは，1回目に1の目が出るときなので，確率 q_1 は

$$q_1 = \frac{1}{6}$$

1回目後にAが先頭にいるのは，1回目に1以外の目が出るときなので，確率 p_1 は

$$p_1 = 1 - \frac{1}{6} = \frac{5}{6}$$

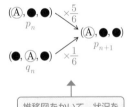

初め　　　1回目後

$\times \frac{1}{6}$ → $(B, Ⓐ, C)$ q_1

$(A, B, C) \xrightarrow[1]{} \begin{array}{l} \times\frac{1}{6} \to (Ⓐ, C, B) \\ \times\frac{2}{3} \to (Ⓐ, B, C) \end{array} \Big] p_1$

> 推移図をかいて，状況を整理しながら考えます！
> 重要ポイント **総整理！** を参照！

(2)　**$(n+1)$回目後にAが先頭にいる確率**

推移図より n 回目後にAが先頭で，1以外の目が出るとき，または，n 回目後にAが2番目にいて，1の目が出るときなので，確率 p_{n+1} は

$$p_{n+1} = \frac{5}{6}p_n + \frac{1}{6}q_n \quad \cdots\cdots ①$$

n回目後　　　$(n+1)$回目後

$(Ⓐ, ●, ●)$ $\times\frac{5}{6}$
p_n
　　　　　　　→ $(Ⓐ, ●, ●)$
$(●, Ⓐ, ●)$ $\times\frac{1}{6}$　　p_{n+1}
q_n

> 推移図をかいて，状況を整理しながら考えます！

$(n+1)$回目後にAが2番目にいる確率

推移図より n 回目後にAが先頭で，1の目が出るとき，または，n 回目後にAが2番目にいて，1，2以外の目が出るとき，または，n 回目後にAが3番目にいて，2の目が出るときなので，確率 q_{n+1} は

$$q_{n+1} = \frac{1}{6}p_n + \frac{4}{6}q_n + \frac{1}{6}(1 - p_n - q_n)$$

$$\therefore \quad q_{n+1} = \frac{1}{2}q_n + \frac{1}{6} \quad \cdots\cdots ②$$

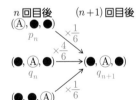

n回目後　　　$(n+1)$回目後
$(Ⓐ, ●, ●)$ $\times\frac{1}{6}$
p_n
$(●, Ⓐ, ●)$ $\times\frac{4}{6}$ → $(●, Ⓐ, ●)$
q_n 　　　　　　　 q_{n+1}
$(●, ●, Ⓐ)$ $\times\frac{1}{6}$
$1 - p_n - q_n$

> ここがポイント！
> n回目後に起きるすべての確率の和は1！

> 推移図をかいて，状況を整理しながら考えます！

(3)　②は，$\boxed{q_{n+1} - \frac{1}{3}} = \frac{1}{2}\left(\boxed{q_n - \frac{1}{3}}\right)$ と変形できるので ← かたまりで〈等比型〉！

数列 $\left\{\boxed{q_n - \frac{1}{3}}\right\}$ は，初項 $\boxed{q_1 - \frac{1}{3}} = \frac{1}{6} - \frac{1}{3} = -\frac{1}{6}$，公比 $\frac{1}{2}$ の等比数列であるから

$$\therefore \quad \boxed{q_n - \frac{1}{3}} = \left(-\frac{1}{6}\right) \cdot \left(\frac{1}{2}\right)^{n-1} = -\frac{1}{3} \cdot \left(\frac{1}{2}\right)^n$$

$$\therefore \quad q_n = \frac{1}{3}\left\{1-\left(\frac{1}{2}\right)^n\right\}$$

(4) (3)の結果を①に代入すると

$$p_{n+1}=\frac{5}{6}p_n+\frac{1}{6}\cdot\frac{1}{3}\left\{1-\left(\frac{1}{2}\right)^n\right\}=\frac{5}{6}p_n+\frac{1}{18}-\frac{1}{9}\cdot\frac{1}{2^{n+1}}$$

ここで，$a_n=2^n\left(p_n-\frac{1}{3}\right)$ とおくと

$$a_{n+1}=2^{n+1}\left(p_{n+1}-\frac{1}{3}\right)$$ ← a_{n+1} の式から出発して，a_n で表せるように変形していきます！ そのために，p_{n+1} の部分を p_n で表していきます！

$$=2^{n+1}\left(\frac{5}{6}p_n-\frac{5}{18}-\frac{1}{9}\cdot\frac{1}{2^{n+1}}\right)$$

$$=2^{n+1}\cdot\frac{5}{6}p_n-\frac{5}{18}\cdot2^{n+1}-\frac{1}{9}$$

$$=\frac{5}{3}\cdot2^n\left(p_n-\frac{1}{3}\right)-\frac{1}{9}$$ ← $2^n\left(p_n-\frac{1}{3}\right)(=a_n)$ の形を作ることを意識して変形しています！

$$\therefore \quad a_{n+1}=\frac{5}{3}a_n-\frac{1}{9}$$

これは，$\boxed{a_{n+1}-\frac{1}{6}=\frac{5}{3}\left(a_n-\frac{1}{6}\right)}$ と変形できるので ← かたまりで〈等比型〉！

数列 $\left\{a_n-\dfrac{1}{6}\right\}$ は，初項 $\boxed{a_1-\frac{1}{6}=2\left(p_1-\frac{1}{3}\right)-\frac{1}{6}=\frac{5}{6}}$，公比 $\dfrac{5}{3}$ の等比数列であるから

$$\boxed{a_n-\frac{1}{6}=\frac{5}{6}\cdot\left(\frac{5}{3}\right)^{n-1}=\frac{1}{2}\left(\frac{5}{3}\right)^n}$$

$$\therefore \quad a_n=\frac{1}{2}\left(\frac{5}{3}\right)^n+\frac{1}{6}$$

$$\therefore \quad p_n=\frac{a_n}{2^n}+\frac{1}{3}=\frac{1}{2}\left(\frac{5}{6}\right)^n+\frac{1}{6}\left(\frac{1}{2}\right)^n+\frac{1}{3}$$

重要ポイント 総整理！

漸化式の立て方　確率編！　Part 1

　このテーマでは，ある試行を繰り返して，n 回目にAが起こる確率を求める問題について学習していきます！　このテーマは，特に，難関大で頻出のテーマになります！　ある試行を繰り返して，n 回目にAが起こる確率を求める問題の代表例としては，反復試行の確率がありましたね。**反復試行の問題は，n 回目に至るまでの確率が非常にシンプルに解釈できた**ので，**（サンプルの確率）×（場合の数）**を用いて，直接問題を解くことができました。

　今回は，n 回目に至るまでが複雑で考えにくい場合の確率を求める問題についてのアプローチ法を学習していきましょう！　この手の問題は，

n 回目にAが起こる確率を a_n などとおき

n 回目から $(n+1)$ 回目に至るまでの推移図をかいて

その推移図をもとに漸化式を作成すること

がポイントになります。漸化式を作成できれば，あとは，**かたまりで等差型，等比型，階差型にもっていく**ことで，漸化式を解くことができ，確率が求まりますね！　確率漸化式の問題に慣れていない場合は，次の問題の解答のように，様子をつかむために，3 回目くらいまで推移図をかき，実験してみると良いでしょう！

> 　AとBの 2 人が，1 個のさいころを次の手順により投げあう。
>
> 　　1 回目はAが投げる。
>
> 　　1，2，3 の目が出たら，次の回には同じ人が投げる。
>
> 　　4，5 の目が出たら，次の回には別の人が投げる。
>
> 　　6 の目が出たら，投げた人を勝ちとし，それ以降は投げない。
>
> (1)　n 回目にAがさいころを投げる確率 a_n を求めよ。
>
> (2)　ちょうど n 回目のさいころ投げでAが勝つ確率 p_n を求めよ。
>
> (3)　n 回以内のさいころ投げでAが勝つ確率 q_n を求めよ。　　　　　　　（一橋大）

(1)　n 回目にAがさいころを投げる確率を a_n，n 回目にBがさいころを投げる確率を b_n とおく。

　　様子をつかむために，3 回目まで**実験**してみる。　←─[この実験する姿勢は大切です！]

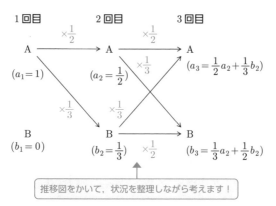

推移図をかいて，状況を整理しながら考えます！

1回目はAが投げるので，確率 a_1，b_1 は

$$a_1=1, \quad b_1=0$$

2回目にAがさいころを投げるのは，1回目に1，2，3の目が出るときなので，確率 a_2 は

$$a_2=\frac{3}{6}=\frac{1}{2}$$

2回目にBがさいころを投げるのは，1回目に4，5の目が出るときなので，確率 b_2 は

$$b_2=\frac{2}{6}=\frac{1}{3}$$

3回目にAがさいころを投げるのは，2回目にAが投げ，1，2，3の目が出るとき，または，2回目にBが投げ，4，5の目が出るときなので，確率 a_3 は， $a_3=\frac{1}{2}a_2+\frac{1}{3}b_2$

3回目にBがさいころを投げるのは，2回目にAが投げ，4，5の目が出るとき，または，2回目にBが投げ，1，2，3の目が出るときなので，確率 b_3 は， $b_3=\frac{1}{3}a_2+\frac{1}{2}b_2$

$(n+1)$ 回目にAがさいころを投げるのは，n 回目にAが投げ，1，2，3の目が出るとき，または，n 回目にBが投げ，4，5の目が出るときなので，確率 a_{n+1} は

$$a_{n+1}=\frac{1}{2}a_n+\frac{1}{3}b_n \quad \cdots\cdots①$$

$(n+1)$ 回目にBがさいころを投げるのは，n 回目にAが投げ，4，5の目が出るとき，または，n 回目にBが投げ，1，2，3の目が出るときなので，確率 b_{n+1} は

$$b_{n+1}=\frac{1}{3}a_n+\frac{1}{2}b_n \quad \cdots\cdots②$$

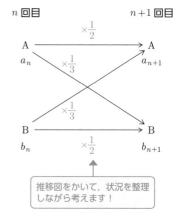

推移図をかいて，状況を整理しながら考えます！

①＋② より

$$a_{n+1}+b_{n+1}=\frac{5}{6}(a_n+b_n) \quad \leftarrow \boxed{\text{かたまりで〈等比型〉！}}$$

数列 $\{a_n+b_n\}$ は初項 $a_1+b_1=1$，公比 $\frac{5}{6}$ の等比数列より

$$a_n+b_n=\left(\frac{5}{6}\right)^{n-1} \quad \cdots\cdots③$$

また，①－② より

$$a_{n+1}-b_{n+1}=\frac{1}{6}(a_n-b_n) \quad \leftarrow \boxed{\text{かたまりで〈等比型〉！}}$$

数列 $\{a_n-b_n\}$ は初項 $a_1-b_1=1$，公比 $\frac{1}{6}$ の等比数列より

$$a_n-b_n=\left(\frac{1}{6}\right)^{n-1} \quad \cdots\cdots④$$

$\dfrac{③＋④}{2}$ より $\quad a_n=\dfrac{1}{2}\left\{\left(\dfrac{1}{6}\right)^{n-1}+\left(\dfrac{5}{6}\right)^{n-1}\right\}$

(2) ちょうど n 回目のさいころ投げでAが勝つのは，n 回目にAが投げ，6 の目が出るときなので，(1)より

$$p_n=\frac{1}{6}a_n=\frac{1}{12}\left\{\left(\frac{1}{6}\right)^{n-1}+\left(\frac{5}{6}\right)^{n-1}\right\}$$

(3) n 回以内のさいころ投げでAが勝つ確率 q_n は，p_1, p_2, p_3, $\cdots\cdots$, p_n の確率の合計であるから

$$q_n=\sum_{k=1}^{n} p_k$$

$$=\frac{1}{12}\sum_{k=1}^{n}\left\{\left(\frac{1}{6}\right)^{k-1}+\left(\frac{5}{6}\right)^{k-1}\right\}$$

$$=\frac{1}{12}\left\{\underbrace{\sum_{k=1}^{n}\left(\frac{1}{6}\right)^{k-1}}+\underbrace{\sum_{k=1}^{n}\left(\frac{5}{6}\right)^{k-1}}\right\}$$

初項 1, 公比 $\frac{1}{6}$　　　初項 1, 公比 $\frac{5}{6}$
項数 n の等比　　　項数 n の等比
数列の和　　　　　数列の和

$$=\frac{1}{12}\left\{\frac{1-\left(\frac{1}{6}\right)^{n}}{1-\frac{1}{6}}+\frac{1-\left(\frac{5}{6}\right)^{n}}{1-\frac{5}{6}}\right\}$$

$$=\frac{1-\left(\frac{1}{6}\right)^{n}}{10}+\frac{1-\left(\frac{5}{6}\right)^{n}}{2}$$

$$=\frac{3}{5}-\frac{1}{10}\left(\frac{1}{6}\right)^{n}-\frac{1}{2}\left(\frac{5}{6}\right)^{n}$$

テーマ 27 | 漸化式の立て方 確率編！ Part 2

これだけは! 27

解答

(1)

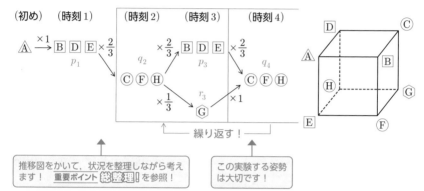

推移図をかいて、状況を整理しながら考えます！ **重要ポイント 総整理！** を参照！

この実験する姿勢は大切です！

$p_1=1$, $q_1=0$, $r_1=0$ であるから，上の推移図より

$$\underline{p_2=0}, \quad \underline{q_2=\frac{2}{3}p_1=\frac{2}{3}}, \quad \underline{r_2=0}$$

$$\underline{p_3=\frac{2}{3}q_2=\frac{4}{9}}, \quad \underline{q_3=0}, \quad \underline{r_3=\frac{1}{3}q_2=\frac{2}{9}}$$

(2) 推移図より

$$p_{n+1}=\frac{2}{3}q_n \qquad (n\geqq1) \quad \cdots\cdots①$$

$$q_{n+1}=\frac{2}{3}p_n+r_n \qquad (n\geqq1) \quad \cdots\cdots②$$

$$r_{n+1}=\frac{1}{3}q_n \qquad (n\geqq1) \quad \cdots\cdots③$$

②より

$$q_{n+2}=\frac{2}{3}p_{n+1}+r_{n+1} \qquad \cdots\cdots④$$

$p_{n+1}+q_{n+1}+r_{n+1}\neq1$ ですから，和が 1 は使えません！

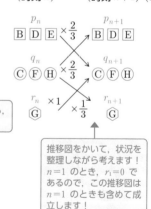

推移図をかいて，状況を整理しながら考えます！ $n=1$ のとき，$r_1=0$ であるので，この推移図は $n=1$ のときも含めて成立します！

④に①，③を代入して

$$q_{n+2}=\frac{2}{3}p_{n+1}+r_{n+1}$$

$$=\frac{2}{3}\cdot\frac{2}{3}q_n+\frac{1}{3}q_n=\frac{7}{9}q_n \quad (n\geqq1)$$

n が 1 以上の奇数のとき，$q_1=0$ に着目すると $q_n=0$ $\cdots\cdots⑤$

n が 2 以上の偶数のとき，$n=2k$ （k は自然数）とおける。$q_2=\dfrac{2}{3}$ に着目すると，数列

$\{q_{2k}\}$ は，初項 $q_2=\dfrac{2}{3}$，公比 $\dfrac{7}{9}$，項数 k の等比数列であるから

$$q_{2k}=\frac{2}{3}\left(\frac{7}{9}\right)^{k-1}$$

$$\therefore\quad q_n=\frac{2}{3}\left(\frac{7}{9}\right)^{\frac{n}{2}-1}\quad\cdots\cdots⑥$$

ここで，n が 3 以上の奇数のとき，①，③，⑥より

$$p_n=\frac{2}{3}q_{n-1}=\frac{2}{3}\cdot\frac{2}{3}\left(\frac{7}{9}\right)^{\frac{n-1}{2}-1}=\frac{4}{9}\left(\frac{7}{9}\right)^{\frac{n-3}{2}}$$

$$r_n=\frac{1}{3}q_{n-1}=\frac{1}{3}\cdot\frac{2}{3}\left(\frac{7}{9}\right)^{\frac{n-1}{2}-1}=\frac{2}{9}\left(\frac{7}{9}\right)^{\frac{n-3}{2}}$$

> $n-1$ が 2 以上の偶数のとき
> ⑥より $q_{n-1}=\dfrac{2}{3}\left(\dfrac{7}{9}\right)^{\frac{n-1}{2}-1}$

また，n が 2 以上の偶数のとき，①，③，⑤より

$$p_n=\frac{2}{3}q_{n-1}=0$$

$$r_n=\frac{1}{3}q_{n-1}=0$$

> $n-1$ が 1 以上の奇数のとき
> ⑤より $q_{n-1}=0$

以上より

n が 2 以上の偶数のとき　$p_n=0,\ q_n=\dfrac{2}{3}\left(\dfrac{7}{9}\right)^{\frac{n}{2}-1},\ r_n=0$

n が 3 以上の奇数のとき　$p_n=\dfrac{4}{9}\left(\dfrac{7}{9}\right)^{\frac{n-3}{2}},\ q_n=0,\ r_n=\dfrac{2}{9}\left(\dfrac{7}{9}\right)^{\frac{n-3}{2}}$

(3) 点 P が時刻 $2m$ で頂点 A に初めて戻るのは，時刻 $2m-1$ まで頂点 A に戻らずに，時刻 $2m-1$ で頂点 B，D，E のいずれかにいて，次に頂点 A に移動するときであるから

$m\geqq2$ のとき　$s_m=\dfrac{1}{3}p_{2m-1}$

$$=\frac{1}{3}\cdot\frac{4}{9}\left(\frac{7}{9}\right)^{\frac{(2m-1)-3}{2}}$$

$$=\frac{4}{27}\left(\frac{7}{9}\right)^{m-2}$$

$m=1$ のとき　$s_1=\dfrac{1}{3}p_1$

$$=\frac{1}{3}$$

重要ポイント 総整理!

漸化式の立て方　確率編!　Part 2

正四面体や正八面体，立方体などの**図形の頂点を移動する点の確率**を求める問題は頻出です。このタイプの確率の問題も，n 回目に至るまでが複雑で考えにくいですね。前のテーマ同様，この手の問題は，

n 回目にAにある確率を a_n などとおき

n 回目から $(n+1)$ 回目に至るまでの推移図をかいて

その推移図をもとに漸化式を作成すること

がポイントになります。特に，立方体の頂点を移動する点の問題のように様子がつかみにくい問題では，様子がつかめるまで推移図をかき，実験してみることが重要です!

下の問題は，**確率の対等性の証明問題**も含まれる，正八面体の頂点を移動する点の問題です。数学的帰納法による確率の対等性の証明も一度経験しておくとよいでしょう!

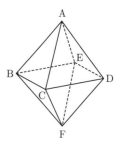

> 　図のような正八面体 ABCDEF がある。動点Pは最初，頂点
> A上にあるが，1回の操作で1辺を伝わり最も近い他の頂点に移
> 動させる。1回の操作で，最も近い頂点の中でどの頂点に移動さ
> せるかは無作為に決める。この操作を繰り返し，点Pを移動させ
> ていく場合，n 回の操作が完了した時点で点Pが頂点 A，B，C，
> D，E，F にある確率をそれぞれ a_n, b_n, c_n, d_n, e_n, f_n とする。
>
> (1) 数学的帰納法により，$b_n = c_n = d_n = e_n$ $(n \geqq 1)$ を示せ。
>
> (2) a_{n+1}, f_{n+1} を b_n で表し，また，数列 $\{b_n\}$ の漸化式を求めよ。
>
> (3) a_n, b_n, f_n を求めよ。
>
> （名古屋市立大）

(1)(i) $n=1$ のとき，頂点Aに最も近い頂点は B，C，D，E で，これらのいずれに移動させ

　　るかは無作為に決めるので $b_1 = c_1 = d_1 = e_1 = \dfrac{1}{4}$ となり，成り立つ。

(ii) $n=k$ のとき，$b_k = c_k = d_k = e_k$ ……① が成り立つと仮定する。

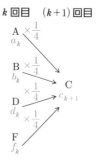
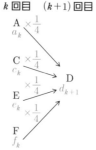
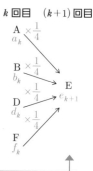

> 推移図をかいて，状況を整理しながら考えます!

推移図より

$$b_{k+1}=\frac{1}{4}a_k+\frac{1}{4}c_k+\frac{1}{4}e_k+\frac{1}{4}f_k \quad \cdots\cdots ②$$

$$c_{k+1}=\frac{1}{4}a_k+\frac{1}{4}b_k+\frac{1}{4}d_k+\frac{1}{4}f_k \quad \cdots\cdots ③$$

$$d_{k+1}=\frac{1}{4}a_k+\frac{1}{4}c_k+\frac{1}{4}e_k+\frac{1}{4}f_k \quad \cdots\cdots ④$$

$$e_{k+1}=\frac{1}{4}a_k+\frac{1}{4}b_k+\frac{1}{4}d_k+\frac{1}{4}f_k \quad \cdots\cdots ⑤$$

①, ②, ③より $b_{k+1}=c_{k+1}$

①, ③, ④より $c_{k+1}=d_{k+1}$

①, ④, ⑤より $d_{k+1}=e_{k+1}$

よって, $b_{k+1}=c_{k+1}=d_{k+1}=e_{k+1}$ が成り立ち, $n=k+1$ のときも成り立つ。

(i), (ii)より, すべての自然数 n について, $b_n=c_n=d_n=e_n$ が成り立つ。　□

(2)

n 回目　$(n+1)$ 回目　　n 回目　$(n+1)$ 回目

推移図をかいて, 状況を整理しながら考えます!

推移図より　$a_{n+1}=\frac{1}{4}b_n+\frac{1}{4}c_n+\frac{1}{4}d_n+\frac{1}{4}e_n$

(1)より　$\underline{a_{n+1}=b_n}$　$\cdots\cdots ⑥$

同様に　$f_{n+1}=\frac{1}{4}b_n+\frac{1}{4}c_n+\frac{1}{4}d_n+\frac{1}{4}e_n$

(1)より　$\underline{f_{n+1}=b_n}$　$\cdots\cdots ⑦$

$(n+1)$ 回目において, 起こりうる全確率の和は 1 であるから

$$a_{n+1}+b_{n+1}+c_{n+1}+d_{n+1}+e_{n+1}+f_{n+1}=1 \quad \cdots\cdots ⑧$$

(1)より　$b_{n+1}=c_{n+1}=d_{n+1}=e_{n+1}$　$\cdots\cdots ⑨$

⑧に⑥, ⑦, ⑨を代入して　$4b_{n+1}+2b_n=1$

$\therefore\ \underline{b_{n+1}=-\frac{1}{2}b_n+\frac{1}{4}}$

(3) $b_{n+1} = -\dfrac{1}{2} b_n + \dfrac{1}{4}$ を変形して

$$\boxed{b_{n+1} - \dfrac{1}{6}} = -\dfrac{1}{2}\left(\boxed{b_n - \dfrac{1}{6}}\right) \quad \longleftarrow \boxed{\text{かたまりで〈等比型〉！}}$$

数列 $\left\{\boxed{b_n - \dfrac{1}{6}}\right\}$ は，初項 $\boxed{b_1 - \dfrac{1}{6}} = \dfrac{1}{4} - \dfrac{1}{6} = \dfrac{1}{12}$，公比 $-\dfrac{1}{2}$ の等比数列であるから

$$\boxed{b_n - \dfrac{1}{6}} = \dfrac{1}{12}\left(-\dfrac{1}{2}\right)^{n-1}$$

$\therefore \quad \boldsymbol{b_n = \dfrac{1}{6}\left\{1 - \left(-\dfrac{1}{2}\right)^n\right\}}$

また，(2)より，$a_n = f_n = b_{n-1} \quad (n \geqq 2)$ であるから

$$a_n = f_n = \dfrac{1}{6}\left\{1 - \left(-\dfrac{1}{2}\right)^{n-1}\right\} \quad (n \geqq 2)$$

これは，$n = 1$ のときも成り立つ。$\longleftarrow \boxed{\begin{array}{l} a_1 = 0, \ f_1 = 0 \ \text{となり，} n = 1 \text{ の} \\ \text{ときも成り立っていますね！} \end{array}}$

$\therefore \quad \boldsymbol{a_n = f_n = \dfrac{1}{6}\left\{1 - \left(-\dfrac{1}{2}\right)^{n-1}\right\}}$

テーマ **28** ガウス記号！

これだけは！ 28

解答 (1) $\log_2\left[\dfrac{5}{2}+\cos\theta\right]\leqq1$ ……①

$0<\theta<\pi$ のとき，$-1<\cos\theta<1$ であるから

$$\dfrac{5}{2}+\cos\theta>\dfrac{3}{2}$$

よって，対数の**真数は正で，真数条件を満たしている。** ← 対数が絡む問題では，最初に真数条件のチェックを必ずすること！

①より $\log_2\left[\dfrac{5}{2}+\cos\theta\right]\leqq\log_22$

底 2 は 1 より大きいから

$$\left[\dfrac{5}{2}+\cos\theta\right]\leqq2$$

∴ $\dfrac{5}{2}+\cos\theta<3$ ← $[x]\leqq n$ （n は整数）のとき $x<n+1$ **重要ポイント 総整理！** を参照！

∴ $\cos\theta<\dfrac{1}{2}$

$0<\theta<\pi$ より $\underline{\dfrac{\pi}{3}<\theta<\pi}$

(2) $\left[\dfrac{3}{2}+\log_2\sin\theta\right]\geqq1$ ……②

$0<\theta<\pi$ のとき $\sin\theta>0$

よって，対数の**真数は正で，真数条件を満たしている。** ← 対数が絡む問題では，最初に真数条件のチェックを必ずすること！

②より $\dfrac{3}{2}+\log_2\sin\theta\geqq1$ ← $[x]\geqq n$ （n は整数）のとき $n\leqq x$

$\log_2\sin\theta\geqq-\dfrac{1}{2}$

$\log_2\sin\theta\geqq-\dfrac{1}{2}\log_22$

$\log_2\sin\theta\geqq\log_2\dfrac{1}{\sqrt{2}}$

底 2 は 1 より大きいから

$\sin\theta\geqq\dfrac{1}{\sqrt{2}}$

$0<\theta<\pi$ より $\underline{\dfrac{\pi}{4}\leqq\theta\leqq\dfrac{3}{4}\pi}$

(3)　$\log_2\left[\dfrac{5}{2}+\cos\theta\right]\leqq 0$　より

　　$\log_2\left[\dfrac{5}{2}+\cos\theta\right]\leqq\log_2 1$

　底 2 は 1 より大きいから

　　　$\left[\dfrac{5}{2}+\cos\theta\right]\leqq 1$

$\therefore\quad \dfrac{5}{2}+\cos\theta<2$ ← $[x]\leqq n$　（n は整数）
のとき　$x<n+1$

$\therefore\quad \cos\theta<-\dfrac{1}{2}$

$0<\theta<\pi$ より　$\dfrac{2}{3}\pi<\theta<\pi$ ……③

また，$\left[\dfrac{3}{2}+\log_2\sin\theta\right]\geqq 0$ より

　　$\dfrac{3}{2}+\log_2\sin\theta\geqq 0$ ← $[x]\geqq n$　（n は整数）
のとき　$n\leqq x$

　　$\log_2\sin\theta\geqq -\dfrac{3}{2}$

　　$\log_2\sin\theta\geqq -\dfrac{3}{2}\log_2 2$

　　$\log_2\sin\theta\geqq \log_2\dfrac{1}{2\sqrt{2}}$

底 2 は 1 より大きいから　$\sin\theta\geqq\dfrac{1}{2\sqrt{2}}$

$0<\theta<\pi$ より　$\alpha\leqq\theta\leqq\pi-\alpha$ ……④

③，④と図より　$\dfrac{2}{3}\pi<\theta\leqq\pi-\alpha$

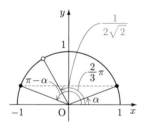

重要ポイント **総整理!**

ガウス記号!

このテーマでは，実数 x に対して，

x を超えない (x 以下の) 最大の整数，すなわち x の整数部分を表すガウス記号 $[x]$

について扱っていきます。ガウス記号 $[x]$ について，具体的に例をあげると，$[2]=2$，$[3.8]=3$，$[-2.5]=-3$ となります。ガウス記号 $[x]$ でよく使う性質は，5つありますが，一番重要な性質はこれです！

任意の実数 x に対して，

> ① $[x]=n$ （n は整数）のとき $n \leqq x < n+1$

①の証明

n は x を超えない (x 以下の) 最大の整数であるから

$\qquad n \leqq x$

n は x を超えない (x 以下の) 最大の整数であるから，n の次の整数 $n+1$ は x を超えるので

$\qquad x < n+1$

よって $n \leqq x < n+1$ □

実数 x に対して $k \leqq x < k+1$ を満たす整数 k を $[x]$ で表す。たとえば，$[2]=2$，$\left[\dfrac{5}{2}\right]=2$，$[-2.1]=-3$ である。

(1) $[x]^2 - 4[x] + 3 = 0$ を満たす実数 x の範囲を求めよ。

(2) $[x]^2 - 5[x] + 5 < 0$ を満たす実数 x の範囲を求めよ。

(1) $\qquad [x]^2 - 4[x] + 3 = 0$

$\qquad\qquad ([x]-1)([x]-3) = 0$

$\qquad \therefore\ [x] = 1,\ 3$

$\qquad [x] = 1$ のとき $1 \leqq x < 2$

$\qquad [x] = 3$ のとき $3 \leqq x < 4$

これらの範囲をまとめると

$\qquad \underline{1 \leqq x < 2,\ 3 \leqq x < 4}$

(2) $[x] = n$ とおくと

$\qquad n^2 - 5n + 5 < 0$

$\qquad \therefore\ \dfrac{5-\sqrt{5}}{2} < n < \dfrac{5+\sqrt{5}}{2}$

ここで，$2 < \sqrt{5} < 3$ より

$$1 < \frac{5-\sqrt{5}}{2} < \frac{3}{2}, \quad \frac{7}{2} < \frac{5+\sqrt{5}}{2} < 4$$

よって，整数 n は $n=2, 3$

∴ $[x]=2, 3$

$[x]=2$ のとき $2 \leqq x < 3$

$[x]=3$ のとき $3 \leqq x < 4$

これらの範囲をまとめると

$\underline{2 \leqq x < 4}$

この問題を解いた後でなら，ガウス記号 $[x]$ について，次の2つのよく使う性質もしっくりきますね！

② $[x] \leqq n$ （n は整数）のとき $x < n+1$
③ $[x] \geqq n$ （n は整数）のとき $n \leqq x$

②の $[x] \leqq n$ （n は整数）は，$[x]=n, n-1, n-2, \cdots$ を，各々①を用いて x の範囲を表し，これらをまとめると，$x < n+1$ になります！

同様に，③の $[x] \geqq n$ （n は整数）は，$[x]=n, n+1, n+2, \cdots$ を，各々①を用いて x の範囲を表し，これらをまとめると，$n \leqq x$ になります！

さらに，任意の実数 x, y に対して，次の不等式が成り立ちます！

④ $[x]+[y] \leqq [x+y]$

④の証明

$x=[x]+\alpha, y=[y]+\beta \quad (0 \leqq \alpha < 1, 0 \leqq \beta < 1)$ と表せるので

$x+y=[x]+[y]+(\alpha+\beta) \quad (0 \leqq \alpha+\beta < 2)$

∴ $[x+y]=[x]+[y], [x]+[y]+1$

よって $[x]+[y] \leqq [x+y]$ □

さらに，任意の実数 x, 任意の整数 n に対して，次の等式が成り立ちます！

⑤ $[x+n]=[x]+n$

⑤の証明

$x=[x]+\alpha \quad (0 \leqq \alpha < 1)$ と表せるので

$x+n=([x]+n)+\alpha \quad (0 \leqq \alpha < 1)$

よって $[x+n]=[x]+n$ □

テーマ **29** | フェルマーの小定理！

これだけは！ 29

解答 (1) $1 \leqq k \leqq m-1$ のとき

$$_m\mathrm{C}_k = \frac{m!}{k!(m-k)!}$$

$$= \frac{m}{k} \cdot \frac{(m-1)!}{(k-1)!(m-k)!}$$

$$= \frac{m}{k} \cdot {}_{m-1}\mathrm{C}_{k-1}$$

∴ $k \cdot {}_m\mathrm{C}_k = m \cdot {}_{m-1}\mathrm{C}_{k-1}$ ◀── $_m\mathrm{C}_k$, $_{m-1}\mathrm{C}_{k-1}$ は組合せの数ですから，これらは整数ですね！

$m \cdot {}_{m-1}\mathrm{C}_{k-1}$ は m の倍数である。

これより，$k \cdot {}_m\mathrm{C}_k$ も m の倍数である。

ここで，**m は素数である**から，**k と m は互いに素**である。◀── 例えば，$m=7$ のとき，k は $1 \leqq k \leqq 6$ を満たす自然数ですから，k と m の最大公約数は 1 となります！これより，k と m は互いに素になりますね！

よって，$_m\mathrm{C}_k$ は m の倍数である。

すなわち，m は，$_m\mathrm{C}_k$ の公約数であるから $d_m \geqq m$ ……①

また，d_m は，$_m\mathrm{C}_1 = m$ の約数であるから $d_m \leqq m$ ……②

①，②より，$d_m = m$ は成り立つ。 □

(2) 「$k^m - k$ が d_m で割り切れる」 ……③ ことを数学的帰納法で示す。 ◀── 重要ポイント **総整理！** を参照！

(i) $k=1$ のとき，$1^m - 1 = 0$ は d_m で割り切れる。

よって，$k=1$ のとき，③が成り立つ。

(ii) $k=l$ のとき，③すなわち $l^m - l \equiv 0 \pmod{d_m}$ ……④ が成り立つと仮定すると，

$k=l+1$ のとき，$(l+1)^m - (l+1)$ は d_m で割り切れることを示せばよい。

$$(l+1)^m - (l+1) = (l^m + {}_m\mathrm{C}_1 l^{m-1} + {}_m\mathrm{C}_2 l^{m-2} + \cdots\cdots + 1) - (l+1)$$

$$= {}_m\mathrm{C}_1 l^{m-1} + {}_m\mathrm{C}_2 l^{m-2} + \cdots\cdots + {}_m\mathrm{C}_{m-1} l + (l^m - l)$$

条件より，d_m は $_m\mathrm{C}_1$, $_m\mathrm{C}_2$, $\cdots\cdots$, $_m\mathrm{C}_{m-1}$ の最大公約数であり，また，④より $l^m - l$ は d_m で割り切れるから，$(l+1)^m - (l+1)$ は d_m で割り切れる。

よって，$k=l+1$ のときにも③は成り立つ。

(i)，(ii)から，すべての自然数 k に対し，③は成り立つ。 □

重要ポイント **総整理！**

フェルマーの小定理！

フェルマーは，試行錯誤をした結果，次の性質に気が付きました。

p が素数のとき，**すべての自然数 n** に対して，$n^p - n$ は p の倍数であることが成り立つ。

実際に，素数 p を変えてこの性質を確認してみましょう！

$p=2$ のとき　$n^2-n=n(n-1)$ ◀── 積の形へ！　連続 2 整数の $n-1$，n のうちどちらかは偶数！

これは，連続 2 整数の積であるから，n^2-n は，2 の倍数

$p=3$ のとき　$n^3-n=(n-1)n(n+1)$ ◀── 連続 3 整数の $n-1$，n，$n+1$ のうちいずれかは 3 の倍数！

これは，連続 3 整数の積であるから，n^3-n は，3 の倍数

$p=5$ のとき

$$\begin{aligned}
n^5-n &= n(n^4-1) \\
&= n(n^2-1)(n^2+1) \\
&= n(n+1)(n-1)\{(n^2-4)+5\} \\
&= n(n+1)(n-1)\{(n+2)(n-2)+5\} \\
&= (n-2)(n-1)n(n+1)(n+2)+5(n-1)n(n+1) \\
&\equiv 0 \pmod 5
\end{aligned}$$

連続 5 整数の $n-2$，$n-1$，n，$n+1$，$n+2$ のうちいずれかは 5 の倍数！

よって，n^5-n は，5 の倍数

または，次の方法でも確認できます。mod 5 として，合同式の表を作ると

n	0	1	2	3	4
n^2	0	1	4	4	1
n^4	0	1	1	1	1
n^5	0	1	2	3	4
n^5-n	0	0	0	0	0

◀── 余りに着目し場合分けします！

よって，n^5-n は，5 の倍数

この表の 3 段目に着目すると

　　　　$n \not\equiv 0 \pmod 5$ に対して，$n^4 \equiv 1 \pmod 5$ となっています。

このことを一般化すると

p が素数のとき，$n \not\equiv 0 \pmod p$ に対して，$n^{p-1} \equiv 1 \pmod p$ であることが成り立つ。

この定理を，**フェルマーの小定理**といいます！

　　次の問いに答えよ。ただし，$_mC_k$ は m 個から k 個取る組合せの総数を表す。

(1)　$k=1$，2，3，4，5，6 に対して，$_7C_k$ は 7 の倍数であることを示せ。

(2)　p は素数とし，k は $1 \leqq k \leqq p-1$ を満たす自然数とする。$_pC_k$ は p の倍数であることを示せ。

(3)　すべての自然数 n に対して，n^7-n は 7 の倍数であることを数学的帰納法を用いて示せ。

（金沢大）

(1) ${}_7C_1 = {}_7C_6 = 7$, ${}_7C_2 = {}_7C_5 = \dfrac{7 \cdot 6}{2 \cdot 1} = 21$, ${}_7C_3 = {}_7C_4 = \dfrac{7 \cdot 6 \cdot 5}{3 \cdot 2 \cdot 1} = 35$

  よって，$k = 1$, 2, 3, 4, 5, 6 に対して，${}_7C_k$ は 7 の倍数である。 $\square$

(2) $1 \leqq k \leqq p-1$ のとき

$$\begin{aligned}
{}_pC_k &= \frac{p!}{k!(p-k)!} \\
&= \frac{p}{k} \cdot \frac{(p-1)!}{(k-1)!(p-k)!} \\
&= \frac{p}{k} \cdot {}_{p-1}C_{k-1}
\end{aligned}$$

  $\therefore \quad k \cdot {}_pC_k = p \cdot {}_{p-1}C_{k-1}$ ◄─── ${}_pC_k$, ${}_{p-1}C_{k-1}$ は組合せの数ですから，これらは整数ですね！

  $p \cdot {}_{p-1}C_{k-1}$ は，p の倍数である。

  これより，$k \cdot {}_pC_k$ も p の倍数である。

  ここで，p は素数であるから，k と p は互いに素である。 ◄─── 例えば，$p = 7$ のとき，k は $1 \leqq k \leqq 6$ を満たす自然数ですから，k と p の最大公約数は 1 となります！これより，k と p は互いに素になりますね！

  したがって，${}_pC_k$ は p の倍数である。 $\square$

> 〈$k \cdot {}_pC_k = p \cdot {}_{p-1}C_{k-1}$ について〉
>
> 左辺の $k \cdot {}_pC_k$ は，最初に p 人の中から k 人委員を選んで，その後，委員 k 人から 1 人委員長を選ぶときの場合の数です！ （こちらは，日本の総理大臣を選ぶ選び方ですね。）
>
> 右辺の $p \cdot {}_{p-1}C_{k-1}$ は，最初に p 人の中から 1 人委員長を選んで，その後，残り $p-1$ 人から $k-1$ 人の委員を選ぶときの場合の数です！ （こちらは，アメリカの大統領を選ぶ選び方ですね。）
>
> どちらの選び方も，やり方は違えども，選んだ後の結果は同じになりますね！ ですので，どちらの場合の数も等しくなります。

(3) 「$n^7 - n$ は 7 の倍数である」 ……① ことを数学的帰納法で示す。

 (i) $n = 1$ のとき，$1^7 - 1$ は，7 の倍数である。

   よって，$n = 1$ のとき，① が成り立つ。

 (ii) $n = k$ のとき，①すなわち $k^7 - k \equiv 0 \pmod 7$ ……② が成り立つと仮定すると，$n = k+1$ のとき，$(k+1)^7 - (k+1)$ が 7 の倍数であることを示せばよい。

$$\begin{aligned}
(k+1)^7 - (k+1) &= k^7 + {}_7C_1 k^6 + {}_7C_2 k^5 + \cdots\cdots + {}_7C_5 k^2 + {}_7C_6 k + 1 - (k+1) \\
&= {}_7C_1 k^6 + {}_7C_2 k^5 + \cdots\cdots + {}_7C_6 k + (k^7 - k)
\end{aligned}$$

  (1)より，${}_7C_1$, ${}_7C_2$, $\cdots\cdots$, ${}_7C_6$ は 7 の倍数であり，また，②より，$k^7 - k$ は 7 の倍数であるから，$(k+1)^7 - (k+1)$ も 7 の倍数である。

   したがって，$n = k+1$ のときにも ① は成り立つ。

 (i)，(ii)から，すべての自然数 n に対して，① は成り立つ。 $\square$

テーマ **30** | フェルマーの無限降下法！

これだけは！ 30

解答 (1) mod 3 として，合同式の表を作ると

表①

a	0	1	2
a^2	0	1	$4 \equiv 1$

← 余りに着目して，場合分けを行います！

よって，自然数 a に対して，a^2 を 3 で割った余りは 0 か 1 である。　□

次のように，箇条書きで書いてもよい。

(i) $a \equiv 0$ のとき　$a^2 \equiv 0^2 = 0$　← $a \equiv b \pmod{n}$ のとき，$a^p \equiv b^p \pmod{n}$

(ii) $a \equiv 1$ のとき　$a^2 \equiv 1^2 = 1$

(iii) $a \equiv 2$ のとき　$a^2 \equiv 2^2 = 4 \equiv 1$

よって，自然数 a に対して，a^2 を 3 で割った余りは 0 か 1 である。　□

(2) mod 3 として，合同式の表を作ると

表②

a^2	0	1	0	1
b^2	0	0	1	1
$a^2 + b^2$	0	1	1	2
$3c^2$	0	0	0	0

← 余りに着目して，場合分けを行います！

$a^2 + b^2 = 3c^2$ ……③ とする。③が成り立つと仮定すると，$3c^2$ は 3 で割り切れることから，$a^2 + b^2$ は 3 で割り切れる。

$a^3 + b^3 \equiv 0 \pmod 3$ のとき，表②より $a^2 \equiv 0$，$b^2 \equiv 0 \pmod 3$

また，$a^2 \equiv 0$，$b^2 \equiv 0 \pmod 3$ のとき，表①より $a \equiv 0$，$b \equiv 0 \pmod 3$

よって，a，b はともに 3 で割り切れる。

これより，$a = 3a'$，$b = 3b'$（a'，b' は自然数）とおける。

これらを③に代入すると

$$(3a')^2 + (3b')^2 = 3c^2$$

$$9a'^2 + 9b'^2 = 3c^2$$

$$\therefore \quad c^2 = 3(a'^2 + b'^2)$$

よって，c も 3 で割り切れる。

したがって，自然数 a，b，c が③を満たすとすると，a，b，c はすべて 3 で割り切れなければならない。　□

(3) 不定方程式③を満たす自然数解 (a, b, c) が存在すると仮定する。　← 存在しないこと（否定）の証明は背理法です！

このとき，(2)より，**a，b，c はすべて 3 で割り切れる**から

$$a = 3a_1, \quad b = 3b_1, \quad c = 3c_1 \quad (a_1, b_1, c_1 \text{ は自然数})$$

とおける。

これらを③に代入して
$$(3a_1)^2+(3b_1)^2=3(3c_1)^2 \quad \therefore \quad a_1^2+b_1^2=3c_1^2 \quad \cdots\cdots④$$

よって，④は③と同じ形の不定方程式となるので，$(a_1,\ b_1,\ c_1)$ は④すなわち③を満たす自然数解である。

同様にして，(2)より，$a_1,\ b_1,\ c_1$ はすべて3で割り切れるから
$$a_1=3a_2,\ b_1=3b_2,\ c_1=3c_2\ (a_2,\ b_2,\ c_2\ は自然数)$$
とおける。

これらを④に代入して
$$(3a_2)^2+(3b_2)^2=3(3c_2)^2 \quad \therefore \quad a_2^2+b_2^2=3c_2^2 \quad \cdots\cdots⑤$$

よって，⑤は③と同じ形の不定方程式となるので，$(a_2,\ b_2,\ c_2)$ は⑤すなわち③を満たす自然数解である。

以下，同様に繰り返すと，$a,\ b,\ c$ は3で何度も割り切れることになり，$a,\ b,\ c$ が自然数であることに矛盾する。◀

したがって，③を満たす自然数解 $(a,\ b,\ c)$ は存在しない。　□

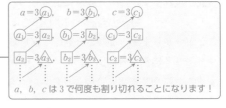

$a,\ b,\ c$ は3で何度も割り切れることになります！

別解　不定方程式③を満たす自然数解 $(a,\ b,\ c)$ が存在すると仮定する。◀

③を満たす自然数解 $(a,\ b,\ c)$ の中で，a が最小のものを $(a_1,\ b_1,\ c_1)$ とする。

このとき，(2)より，$a_1,\ b_1,\ c_1$ はすべて3で割り切れるから
$$a_1=3a_2,\ b_1=3b_2,\ c_1=3c_2\ (a_2,\ b_2,\ c_2\ は自然数)$$
とおける。

これらを③に代入して
$$(3a_2)^2+(3b_2)^2=3(3c_2)^2 \quad \therefore \quad a_2^2+b_2^2=3c_2^2 \quad \cdots\cdots④$$

したがって，④は③と同じ形の不定方程式となるので，$(a_2,\ b_2,\ c_2)$ は④すなわち③を満たす自然数解である。

ここで，$a_1=3a_2$（$a_1,\ a_2$ は自然数）より，$a_2<a_1$ であるが，これは a_1 が最小であることに矛盾する。◀ a_1 が最小でなくなります！a_2 の方が小さい……

したがって，③を満たす自然数解 $(a,\ b,\ c)$ は存在しない。　□

重要ポイント 総整理! を参照！

重要ポイント 総整理!

フェルマーの無限降下法!

　難関大の入試問題において，**不定方程式の自然数解が存在しないことを証明するとき**に，**無限降下法**をしばしば用います。無限降下法の証明法は初学者にとっては難しいと感じると思いますが，まず，簡単なイメージで伝えると，

　　背理法と数学的帰納法の下降バージョンのようなものを組み合わせた証明法

です。無限降下法の具体的な証明の流れは次のようになります。

　証明の出だしは，**背理法の出だしそのもの**で，証明したいことが偽であることを仮定して

　　　　「不定方程式の自然数解 (x, y, z) が存在したと仮定すると」

から書き始めます。方程式を変形していくことによって，元の不定方程式と全く同じ不定方程式が現れます。この式変形によって，

　　　　もとの自然数解より小さい自然数解が生成できる（存在する）

ことが分かります。このことを繰り返していくと，

生成できる自然数解はいつかは，1より小さい値になり，自然数にならないので仮定に矛盾することになります。このように，いくらでも無限に小さい解が作られる（生成できる）様子から無限降下法と名付けられています。この証明法は，フェルマーのアイデアです。

　なお，この証明法の核心を理解できると，次のような最小性に着目した流れで証明することもできます。（ これだけは! 30 (3) **別 解** 参照）

不定方程式の存在する自然数解 (x, y, z) の中で x が最小のものを (x_0, y_0, z_0) と仮定

↓

その自然数解より小さい自然数解を生成できる（存在する）

↓

解 (x_0, y_0, z_0) の最小性に矛盾!

とすることで，より簡潔に証明することができます。

テーマ **31** │ 二段仮定の数学的帰納法！

これだけは！ 31

解答 (1) $a+b=p,\ ab=q$ とおく。

> 対称式についての問題ですので，基本対称式を用意します！

$a,\ b$ を解とする t の2次方程式は

$(t-a)(t-b)=0$ すなわち $t^2-pt+q=0$ である。

$a,\ b$ が実数であるから，$p,\ q$ は，$p^2-4q\geqq0$ ……① を満たす実数である。

> テーマ16で扱いましたが，$a+b=p,\ ab=q$ の変数変換では，$a,\ b$ の実数条件を忘れないでくださいね！

$a^2+b^2=16$ より $(a+b)^2-2ab=16$

$\therefore\ p^2-2q=16$ ……②

$a^3+b^3=44$ より $(a+b)^3-3ab(a+b)=44$

$\therefore\ p^3-3pq=44$ ……③

②より $2q=p^2-16$ ……②′

よって，①より

$p^2-2(p^2-16)\geqq0$

$p^2\leqq32$

$\therefore\ -4\sqrt{2}\leqq p\leqq4\sqrt{2}$

②′と③より

$2p^3-3p(p^2-16)=88$

$p^3-48p+88=0$

$(p-2)(p^2+2p-44)=0$

> $p^2+2p-44=0$ を解の公式で解いて，その解が $-4\sqrt{2}\leqq p\leqq4\sqrt{2}$ の範囲にないことを示してもよいです！

ここで，$f(p)=p^2+2p-44$ とおく。

> $p^2+2p-44=0$ は $-4\sqrt{2}\leqq p\leqq4\sqrt{2}$ の範囲に解をもたないことを，グラフを用いて証明します！

$f(p)=(p+1)^2-45$

$f(4\sqrt{2})=32+8\sqrt{2}-44$

$\qquad=-12+8\sqrt{2}$

$\qquad=4(2\sqrt{2}-3)$

$\qquad=4(\sqrt{8}-\sqrt{9})<0$

このとき，グラフの対称性より，

$f(-4\sqrt{2})<0$ であるから，$f(p)=0$ は $-4\sqrt{2}\leqq p\leqq4\sqrt{2}$ において解をもたない。

よって $p=2$

$\therefore\ \underline{a+b=2}\ \cdots\ ④$

このとき $ab=q=-6$ ……⑤

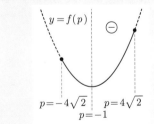

> $y=f(p)$ のグラフは，直線 $p=-1$ において線対称ですので
> $\qquad f(-4\sqrt{2})<f(4\sqrt{2})$
> 今，$f(4\sqrt{2})<0$ ですから……

(2) 「a^n+b^n は 4 の倍数である」 ……⑥ ことを**数学的帰納法**で示す。

(ⅰ) $n=2,\ 3$ のとき，$a^2+b^2=16$，$a^3+b^3=44$ であるから，
⑥は成り立つ。

> 重要ポイント 総整理！ を参照！

(ⅱ) $n=k,\ k+1$ （k は 2 以上の整数）のとき，⑥すなわち $a^k+b^k\equiv0$，
$a^{k+1}+b^{k+1}\equiv0\ \ (\mathrm{mod}\,4)$ ……⑦ が成り立つと仮定する。

$n=k+2$ のとき，$a^{k+2}+b^{k+2}\equiv0\ \ (\mathrm{mod}\,4)$ を示せばよい。

④，⑤，⑦より

$$a^{k+2}+b^{k+2}=(a+b)(a^{k+1}+b^{k+1})-a^{k+1}b-ab^{k+1}$$

> $a^{k+2}+b^{k+2}$ を，$a^{k+1}+b^{k+1}$ を用いて表します！

$$=(a+b)(a^{k+1}+b^{k+1})-ab(a^k+b^k)\ \ \cdots\cdots⑧$$

$$=2(a^{k+1}+b^{k+1})+6(a^k+b^k)\ \ (\because\ \ ④，⑤)$$

$$\equiv0\ \ (\mathrm{mod}\,4)$$

> $a^{k+2}+b^{k+2}$ を，$a^{k+1}+b^{k+1}$，a^k+b^k を用いて表します！

これより，$a^{k+2}+b^{k+2}$ は 4 の倍数である。

よって，$n=k+2$ のときにも⑥は成り立つ。

(ⅰ)，(ⅱ)から，2 以上のすべての整数 n について⑥は成り立つ。　□

＼ちょっと／
一言

〈⑧の変形が難しいと感じた場合〉

④，⑤より，$a,\ b$ を解とする x の 2 次方程式は　$(x-a)(x-b)=0$ すなわち

$x^2-2x-6=0$ であるから，解 $x=a,\ b$ を代入すると　$a^2-2a-6=0,\ b^2-2b-6=0$

よって　$a^2=2a+6$

両辺に a^k をかけると　$a^{k+2}=2a^{k+1}+6a^k$　……⑨

同様に　$b^2=2b+6$

両辺に b^k をかけると　$b^{k+2}=2b^{k+1}+6b^k$　……⑩

⑨＋⑩より　$a^{k+2}+b^{k+2}=2(a^{k+1}+b^{k+1})+6(a^k+b^k)$

上の手順で作成しても構わないですよ！

重要ポイント 総整理！

二段仮定の数学的帰納法！

自然数 n についての命題 $P(n)$ が，すべての自然数 n について成り立つことを示す以下のような証明の方法を**数学的帰納法**といいます。

- (i) $n=1$ のとき，$P(1)$ が成り立つことを示す。（スイッチ）
- (ii) $n=k$ のとき，$P(k)$ が成り立つことを仮定すると，
  $n=k+1$ のとき，$P(k+1)$ が成り立つことを示す。（システム）

(i)，(ii)より，すべての自然数 n について成り立つことがいえますね。

これを下のようにアレンジしたものが，**二段仮定の数学的帰納法**になります。

- (i) $n=1,\ 2$ のとき，$P(1)$，$P(2)$ が成り立つことを示す。（スイッチ）
- (ii) $n=k,\ k+1$ のとき，$P(k)$，$P(k+1)$ が成り立つことを仮定すると，
  $n=k+2$ のとき，$P(k+2)$ が成り立つことを示す。（システム）

(i)，(ii)より，すべての自然数 n について成り立つことがいえますね。

命題 $P(n)$ について，**ある連続する 2 つの番号で成立すれば，自動的に次の番号でも成立するシステムが手に入り，スイッチボタンにあたる $n=1,\ 2$ のとき成り立てば，システムを稼働することですべての自然数 n について成立**します。具体的に言うと，$n=1,\ 2$ で成立するので，$n=3$ でも成立する。さらに，$n=2,\ 3$ で成立するので，$n=4$ でも成立する。さらに，……と，これを繰り返していくことで，ドミノ倒しのようにすべての自然数 n について自動的に証明されていきます。すごい証明法ですね！

---

p を 2 以上の整数とし，$a=p+\sqrt{p^2-1}$，$b=p-\sqrt{p^2-1}$ とする。

(1) a^2+b^2 と a^3+b^3 がともに偶数であることを示せ。

(2) n を 2 以上の整数とする。a^n+b^n が偶数であることを示せ。 （岐阜大）

(1) $\quad a+b=(p+\sqrt{p^2-1})+(p-\sqrt{p^2-1})=2p$ ……① ◀ 対称式についての問題ですので，基本対称式を用意します！

$\quad ab=(p+\sqrt{p^2-1})(p-\sqrt{p^2-1})$

$\qquad =p^2-(p^2-1)=1$ ……②

①，②より $\quad a^2+b^2=(a+b)^2-2ab$ ◀ 対称式は基本対称式で表します！

$\qquad\qquad\qquad\quad =4p^2-2=2(2p^2-1)$

$\quad a^3+b^3=(a+b)^3-3ab(a+b)$

$\qquad\qquad\quad =(2p)^3-3\cdot1\cdot2p$

$\qquad\qquad\quad =2p(4p^2-3)$ ◀

> $a^2+b^2=(a+b)^2-2ab$
> $a^3+b^3=(a+b)^3-3ab(a+b)$
> $a^3+b^3=(a+b)(a^2-ab+b^2)$
> $\qquad =2p\{2(2p^2-1)-1\}$
> $\qquad =2p(4p^2-3)$ として求めてもよいです！

p は 2 以上の整数より，$2p^2-1$，$p(4p^2-3)$ は整数であるので，a^2+b^2，a^3+b^3 はともに偶数である。 □

(2) 「a^n+b^n は偶数である」 ……③ ことを**数学的帰納法**で示す。

(i) $n=2$, 3 のとき，(1)より③は成り立つ。

(ii) $n=k$，$k+1$（k は 2 以上の整数）のとき，③すなわち $a^k+b^k\equiv 0$，

$a^{k+1}+b^{k+1}\equiv 0$ $(\bmod 2)$ ……④ が成り立つと仮定する。

$n=k+2$ のとき，$a^{k+2}+b^{k+2}\equiv 0$ $(\bmod 2)$ を示せばよい。

①，②，④より

$$a^{k+2}+b^{k+2}=(a+b)(a^{k+1}+b^{k+1})-a^{k+1}b-ab^{k+1}$$

> $a^{k+2}+b^{k+2}$ を，$a^{k+1}+b^{k+1}$ を用いて表します！

$$=(a+b)(a^{k+1}+b^{k+1})-ab(a^k+b^k)\quad……⑤$$

$$=2p(a^{k+1}+b^{k+1})-(a^k+b^k)\quad(\because\ ①，②)$$

$$\equiv 0\quad(\bmod 2)$$

> $a^{k+2}+b^{k+2}$ を，$a^{k+1}+b^{k+1}$，a^k+b^k を用いて表します！

これより，$a^{k+2}+b^{k+2}$ は偶数である。

よって，$n=k+2$ のときにも③は成り立つ。

(i)，(ii)から，2 以上のすべての整数 n について③は成り立つ。　□

ちょっと一言

〈⑤の変形が難しいと感じた場合〉

①，②より，a，b を解とする x の 2 次方程式は　$(x-a)(x-b)=0$ すなわち

$x^2-2px+1=0$ であるから，解 $x=a$，b を代入すると　$a^2-2pa+1=0$，

$b^2-2pb+1=0$

よって　$a^2=2pa-1$　両辺に a^k をかけると　$a^{k+2}=2pa^{k+1}-a^k$　……⑥

同様に　$b^2=2pb-1$　両辺に b^k をかけると　$b^{k+2}=2pb^{k+1}-b^k$　……⑦

⑥＋⑦より　$a^{k+2}+b^{k+2}=2p(a^{k+1}+b^{k+1})-(a^k+b^k)$

上の手順で作成しても構わないですよ！

参考

二段仮定の数学的帰納法を更にアレンジしたものが，**全段仮定の数学的帰納法**になります。

(i)　$n=1$ のとき，$P(1)$ が成り立つことを示す。（スイッチ）

(ii)　$n=1$，2，……，k のとき，$P(1)$，$P(2)$，……，$P(k)$ が成り立つことを仮定すると，$n=k+1$ のとき，$P(k+1)$ が成り立つことを示す。（システム）

(i)，(ii)より，この場合もすべての自然数 n について成り立つことがいえますね。

命題 $P(n)$ について，**ある番号まですべて成立すれば，自動的に次の番号でも成立するシステムが手に入り，スイッチボタンにあたる $n=1$ のとき成り立てば，システムを稼働することですべての自然数 n について成立します。** 具体的に言うと，$n=1$ で成立するので，$n=2$ でも成立する。さらに，$n=1$，2 成立するので，$n=3$ でも成立する。さらに，$n=1$，2，3 で成立するので，$n=4$ でも成立する。さらに，……と，これを繰り返していくことで，ドミノ倒しのようにすべての自然数 n について自動的に証明されていきます。

テーマ 32 | 漸化式の立て方　整式編！

これだけは！ 32

解答 (1) x^{n+1} を x^2-x-1 で割ったときの商を $P_n(x)$ とおくと，余りが $a_n x+b_n$ であるから

$$x^{n+1}=(x^2-x-1)P_n(x)+a_n x+b_n$$

と表される。

両辺に x をかけると

$$x^{n+2}=(x^2-x-1)xP_n(x)+a_n x^2+b_n x$$
$$=(x^2-x-1)xP_n(x)+a_n(x^2-x-1)+a_n(x+1)+b_n x$$
$$=(x^2-x-1)\underbrace{\{xP_n(x)+a_n\}}_{\text{商}}+\underbrace{(a_n+b_n)x+a_n}_{\text{余り}}$$

x^{n+2} を x^2-x-1 で割ったときの余りが $a_{n+1}x+b_{n+1}$ であるから

$$a_{n+1}=a_n+b_n, \quad b_{n+1}=a_n \quad \square$$

(2) x^2 を x^2-x-1 で割ったときの余りが $a_1 x+b_1$ であるから

$$x^2=(x^2-x-1)\underset{\text{商}}{\cdot 1}+\underset{\text{余り}}{x+1}$$

$$\therefore \quad a_1=1, \quad b_1=1$$

(I) a_n, b_n はともに正の整数であることを**数学的帰納法**で証明する。

(i) $n=1$ のとき，$a_1=b_1=1$ であるから成り立つ。

(ii) $n=k$ のとき，a_k, b_k はともに正の整数であると仮定すると，$n=k+1$ のとき，(1)より

$$a_{k+1}=a_k+b_k, \quad b_{k+1}=a_k$$

よって，a_{k+1}, b_{k+1} はともに正の整数であり，$n=k+1$ のときも成り立つ。

(i)，(ii)より，すべての自然数 n について，a_n, b_n は正の整数である。

(II) a_n, b_n は互いに素であることを**数学的帰納法**で証明する。 ◀── 互いに素とは，1以外に公約数をもたないことです！

(i) $n=1$ のとき，$a_1=b_1=1$ であるから成り立つ。

(ii) $n=k$ のとき，a_k, b_k は互いに素であると仮定する。

このとき，a_{k+1}, b_{k+1} は互いに素でないと仮定すると，a_{k+1}, b_{k+1} は1以外の公約数で素数 $p(>1)$ をもち，$a_{k+1}=p\alpha$，$b_{k+1}=p\beta$（α, β は整数）と表せる。 ◀

a_{k+1}, b_{k+1} は互いに素であること（否定命題）を示すには，背理法です！ a_{k+1}, b_{k+1} は互いに素でないと仮定して，矛盾を作り出します！ **重要ポイント 総整理** を参照！

このとき，(1)より，$a_{k+1}=a_k+b_k=p\alpha$，$b_{k+1}=a_k=p\beta$ であるから

$$\therefore \quad a_k=p\beta, \quad b_k=p(\alpha-\beta)$$

よって，a_k, b_k はともに素数 p の倍数であり，互いに素であることに矛盾する。 ◀── ここで，矛盾がいえましたね！

したがって，a_{k+1}，b_{k+1} は互いに素であり，$n=k+1$ のときも成り立つ。

(i)，(ii)より，すべての自然数 n について，a_n，b_n は互いに素である。 □

別解 (II) a_n，b_n は互いに素であることをユークリッドの互除法を用いて示す。

$$a_{n+1}=a_n+b_n \quad \cdots\cdots\text{①}, \quad a_n=b_{n+1} \quad \cdots\cdots\text{②}$$

①に②を代入して $a_{n+1}=b_{n+1}\cdot 1+b_n$

ユークリッドの互除法より

$$\gcd(a_{n+1},\ b_{n+1})=\gcd(b_{n+1},\ b_n)$$
$$=\gcd(a_n,\ b_n) \quad (\because\ \text{②})$$

これを繰り返し用いると

$$\gcd(a_n,\ b_n)=\gcd(a_{n-1},\ b_{n-1})$$
$$=\cdots\cdots$$
$$=\gcd(a_1,\ b_1)=1 \quad (\because\ a_1=b_1=1)$$

よって，a_n，b_n の最大公約数は 1 であるから，互いに素である。 □

重要ポイント **総整理!**

ユークリッドの互除法

ユークリッドの互除法によると，次のことがいえます。

> 正の整数 a を正の整数 b で割ったときの商を q，余りを r，2 つの整数 m，n の最大公約数を $\gcd(m, n)$ とするとき
> $$\boxed{a} = \boxed{b}q + \boxed{r} \qquad \gcd(\boxed{a}, \boxed{b}) = \gcd(\boxed{b}, \boxed{r})$$
> が成り立ちます。
> 　一般には，$\gcd(a, b) = \gcd(b, mb + r)$　（m は 0 以上の整数）が成り立ちます。

ユークリッドの互除法を用いることで，次の問題を簡単に解くことができます。

(1) 2805 と 3927 の最大公約数を求めよ。

(2) 任意の自然数 n に対し，$28n+5$ と $21n+4$ は互いに素であることを示せ。

(3) $2^{16}+1$ と $2^{32}+1$ は互いに素であることを示せ。

(1) $\boxed{3927} = \boxed{2805} \cdot 1 + \boxed{1122}$, $\boxed{2805} = \boxed{1122} \cdot 2 + \boxed{561}$ であるから

ユークリッドの互除法より

$$\gcd(3927, 2805) = \gcd(2805, 1122)$$
$$= \gcd(1122, 561)$$
$$= \mathbf{561}$$

(2) $\boxed{28n+5} = (\boxed{21n+4}) \cdot 1 + \boxed{7n+1}$, $\boxed{21n+4} = (\boxed{7n+1}) \cdot 3 + \boxed{1}$ であるから

ユークリッドの互除法より

$$\gcd(28n+5, 21n+4) = \gcd(21n+4, 7n+1)$$
$$= \gcd(7n+1, 1)$$
$$= 1 \quad \square$$

(3) $\boxed{2^{32}+1} = (2^{32}-1) + 2 = (\boxed{2^{16}+1})(2^{16}-1) + \boxed{2}$, $\boxed{2^{16}+1} = \boxed{2} \cdot 2^{15} + \boxed{1}$ であるから

ユークリッドの互除法より

$$\gcd(2^{32}+1, 2^{16}+1) = \gcd(2^{16}+1, 2)$$
$$= \gcd(2, 1)$$
$$= 1 \quad \square$$

ユークリッドの互除法を応用することで，不定方程式も解くことができます。

1 次不定方程式 $275x + 61y = 1$ ……① のすべての整数解を求めよ。 (愛媛大)

ユークリッドの互除法より

$$275 = 61 \cdot 4 + 31 \qquad \therefore \quad \boxed{31} = 275 - 61 \cdot 4$$
$$61 = 31 \cdot 1 + 30 \qquad \therefore \quad \boxed{30} = 61 - 31 \cdot 1$$
$$31 = 30 \cdot 1 + 1 \qquad \therefore \quad \boxed{1} = 31 - 30 \cdot 1$$

よって $\boxed{1}=31-\boxed{30}\cdot1$

$\qquad =31-(61-31\cdot1)\cdot1$

$\qquad =\boxed{31}\cdot2+61\cdot(-1)$

$\qquad =(275-61\cdot4)\cdot2+61\cdot(-1)$

$\qquad =275\cdot2+61\cdot(-9)$

$\therefore\quad 275\cdot2+61\cdot(-9)=1\quad\cdots\cdots$②

①$-$② より $275(x-2)=-61(y+9)$

275 と 61 は互いに素より

$\qquad x-2=61k,\ y+9=-275k\quad$（$k$ は整数）

よって，①のすべての整数解は

$\qquad \boldsymbol{x=61k+2,\ y=-275k-9}$ （$\boldsymbol{k}$ **は整数**）

互いに素であることの証明

ユークリッドの互除法より，k, $k+1$ は互いに素ですね！ この性質を用いることで，整式の余りについての証明問題を解いておきましょう。

「互いに素」を示すには，**ユークリッドの互除法**や**背理法**を用いるアプローチがあります。「互いに素」とは，1 以外に公約数をもたないことですね。もたないという否定を証明するには，背理法がもってこいです！ a, b は互いに素でないと仮定して，矛盾を導き出し，証明していきます！

下の問題は，[これだけは！] **32** の問題とは条件が少し異なり，**剰余の定理**が使えますので，漸化式を作成せずに証明することができます。

> n と k を自然数とし，整式 x^n を整式 $(x-k)(x-k-1)$ で割った余りを $ax+b$ とする。
>
> (1) a と b は整数であることを示せ。
>
> (2) a と b をともに割り切る素数は存在しないことを示せ。
>
> （京都大）

(1) x^n を $(x-k)(x-k-1)$ で割った商を $P(x)$ とおくと，余りが $ax+b$ であるから

$\qquad x^n=(x-k)(x-k-1)P(x)+ax+b\quad\cdots\cdots$①

と表される。

①において，$x=k$, $x=k+1$ とすると

$\qquad k^n=ak+b\quad\cdots\cdots$②

$\qquad (k+1)^n=a(k+1)+b\quad\cdots\cdots$③

③$-$② より $a=(k+1)^n-k^n\quad\cdots\cdots$④

②，④より $b=k^n-\{(k+1)^n-k^n\}k$

$\qquad\qquad\quad =k^n(k+1)-k(k+1)^n$

n と k は自然数であるので，a と b は整数である。 $\square$

(2) a, b をともに割り切る素数が存在すると仮定し，このとき，

$a = p\alpha,\ b = p\beta$ （$\alpha,\ \beta$ は整数）と表せる。 ◄

$a,\ b$ をともに割り切る素数は存在しない（否定命題）ことを示すには，背理法です！ $a,\ b$ をともに割り切る素数が存在すると仮定して，矛盾を作り出します！

このとき，②，③より

$$k^n = p\alpha k + p\beta = p(\alpha k + \beta)$$
$$(k+1)^n = p\alpha(k+1) + p\beta = p\{\alpha(k+1) + \beta\}$$

$k^n,\ (k+1)^n$ はともに素数 p の倍数，すなわち，$k,\ k+1$ はともに素数 p の倍数である。

ここで，**ユークリッドの互除法**より　$k+1 = k \cdot 1 + 1$

$$\gcd(k+1,\ k) = \gcd(k,\ 1)$$
$$= 1$$

よって，$k,\ k+1$ は互いに素であり，ともに素数 p の倍数であることに矛盾する。 ◄

したがって，a と b をともに割り切る素数は存在しない。 □

ここで，矛盾がいえましたね！

テーマ 33 │ 「実験」して「推測」から「帰納法」で証明！

これだけは！ 33

解答 (1) $a_{3m-2}>0$, $a_{3m-1}>0$, $a_{3m}<0$ ($m=1$, 2, 3, ……) ……① とする。

①で $m=1$ とすると $a_1>0$, $a_2>0$, $a_3<0$

①で $m=2$ とすると $a_4>0$, $a_5>0$, $a_6<0$

（1)で実験していきましょう！重要ポイント **総整理！** を参照！

$(a_1+a_2+\cdots\cdots+a_n)^2=a_1{}^3+a_2{}^3+\cdots\cdots+a_n{}^3$ ($n=1$, 2, 3, ……) ……② とする。

②で $n=1$ とすると

$\quad a_1{}^2=a_1{}^3 \qquad a_1{}^2(a_1-1)=0 \qquad a_1>0$ より $a_1=1$

②で $n=2$ とすると, $a_1=1$ であるから

$\quad (1+a_2)^2=1+a_2{}^3$

$\quad a_2{}^3-a_2{}^2-2a_2=0$

$\quad a_2(a_2+1)(a_2-2)=0 \qquad a_2>0$ より $a_2=2$

②で $n=3$ とすると, $a_1=1$, $a_2=2$ であるから

$\quad (1+2+a_3)^2=1+8+a_3{}^3$

$\quad (3+a_3)^2=9+a_3{}^3$

$\quad a_3{}^3-a_3{}^2-6a_3=0$

$\quad a_3(a_3+2)(a_3-3)=0 \qquad a_3<0$ より $a_3=-2$

②で $n=4$ とすると, $a_1=1$, $a_2=2$, $a_3=-2$ であるから

$\quad (1+2-2+a_4)^2=1+8-8+a_4{}^3$

$\quad (1+a_4)^2=1+a_4{}^3$

$n=2$ の場合と同様にして $a_4=2$

②で $n=5$ とすると, $a_1=1$, $a_2=2$, $a_3=-2$, $a_4=2$ であるから

$\quad (1+2-2+2+a_5)^2=1+8-8+8+a_5{}^3$

$\quad (3+a_5)^2=9+a_5{}^3$

$n=3$ の場合を参考にして $a_5>0$ より $a_5=3$

②で $n=6$ とすると, $a_1=1$, $a_2=2$, $a_3=-2$, $a_4=2$, $a_5=3$ であるから

$\quad (1+2-2+2+3+a_6)^2=1+8-8+8+27+a_6{}^3$

$\quad (6+a_6)^2=36+a_6{}^3$

$\quad a_6{}^3-a_6{}^2-12a_6=0$

$\quad a_6(a_6+3)(a_6-4)=0 \qquad a_6<0$ より $a_6=-3$

以上より $\underline{a_1=1}$, $\underline{a_2=2}$, $\underline{a_3=-2}$, $\underline{a_4=2}$, $\underline{a_5=3}$, $\underline{a_6=-3}$

規則性が見えてきましたね！

(2) (1)より, $a_{3m-2}=m$, $a_{3m-1}=m+1$, $a_{3m}=-(m+1)$ ……③ と推測できる。

「実験」→「推測」→「証明」の流れですね！

③が成り立つことを m に関する数学的帰納法を用いて証明する。

(ⅰ) $m=1$ のとき，$a_1=1$，$a_2=2$，$a_3=-2$ であるから，③は成り立つ。

(ⅱ) $m=1$，2，3，……k のとき，③が成り立つと仮定する。

> 全段仮定の数学的帰納法です！ $m=1\sim k$ まで，すべて仮定して，$m=k+1$ のときを証明していきます！ すなわち，$m=k+1$ のとき，次の3つを示します！ $n=3k+1$ のとき $a_{3(k+1)-2}=k+1$ $n=3k+2$ のとき $a_{3(k+1)-1}=k+2$ $n=3k+3$ のとき $a_{3(k+1)}=-(k+1)$ であることを示せばよいのです！

このとき

$$a_1+a_2+\cdots\cdots+a_{3k}=\sum_{m=1}^{k}\{m+(m+1)-(m+1)\}$$

$$=\sum_{m=1}^{k}m=\frac{1}{2}k(k+1)\quad\cdots\cdots④$$

$$a_1{}^3+a_2{}^3+\cdots\cdots+a_{3k}{}^3=\sum_{m=1}^{k}\{m^3+(m+1)^3-(m+1)^3\}$$

$$=\sum_{m=1}^{k}m^3=\left\{\frac{1}{2}k(k+1)\right\}^2\quad\cdots\cdots⑤$$

> 後で用いるので，先に計算しておきます！

②で $n=3k+1$ とすると

$$(a_1+\cdots\cdots+a_{3k}+a_{3k+1})^2=a_1{}^3+\cdots\cdots+a_{3k}{}^3+a_{3k+1}{}^3$$

④，⑤であるから

$$\left\{\frac{1}{2}k(k+1)+a_{3k+1}\right\}^2=\left\{\frac{1}{2}k(k+1)\right\}^2+a_{3k+1}{}^3\quad\cdots\cdots⑥$$

$$a_{3k+1}{}^3-a_{3k+1}{}^2-k(k+1)a_{3k+1}=0\quad\triangleleft\boxed{a_{3k+1}\text{の3次方程式と見る！}}$$

$$a_{3k+1}(a_{3k+1}+k)\{a_{3k+1}-(k+1)\}=0\quad\triangleleft\boxed{因数分解！}$$

①より，$a_{3k+1}=a_{3(k+1)-2}>0$ であるから　$a_{3k+1}=k+1$

∴　$a_{3(k+1)-2}=k+1$

②で $n=3k+2$ とすると

$$(a_1+\cdots\cdots+a_{3k}+a_{3k+1}+a_{3k+2})^2=a_1{}^3+\cdots\cdots+a_{3k}{}^3+a_{3k+1}{}^3+a_{3k+2}{}^3$$

④，⑤，⑥，$a_{3k+1}=k+1$ であるから

$$\left\{\frac{1}{2}k(k+1)+(k+1)+a_{3k+2}\right\}^2=\left\{\frac{1}{2}k(k+1)\right\}^2+(k+1)^3+a_{3k+2}{}^3$$

$$\left\{\frac{1}{2}(k+1)(k+2)+a_{3k+2}\right\}^2=\left\{\frac{1}{2}(k+1)(k+2)\right\}^2+a_{3k+2}{}^3\quad\cdots\cdots⑦$$

$$a_{3k+2}{}^3-a_{3k+2}{}^2-(k+1)(k+2)a_{3k+2}=0\quad\triangleleft\boxed{a_{3k+2}\text{の3次方程式と見る！}}$$

$$a_{3k+2}(a_{3k+2}+k+1)\{a_{3k+2}-(k+2)\}=0\quad\triangleleft\boxed{因数分解！}$$

①より，$a_{3k+2}=a_{3(k+1)-1}>0$ であるから　$a_{3k+2}=k+2$

∴　$a_{3(k+1)-1}=k+2$

②で $n=3k+3$ とすると

$$(a_1+\cdots\cdots+a_{3k+1}+a_{3k+2}+a_{3k+3})^2=a_1{}^3+\cdots\cdots+a_{3k+1}{}^3+a_{3k+2}{}^3+a_{3k+3}{}^3$$

④，⑤，⑦，$a_{3k+1}=k+1$，$a_{3k+2}=k+2$ であるから

$$\left\{\frac{1}{2}(k+1)(k+2)+(k+2)+a_{3k+3}\right\}^2=\left\{\frac{1}{2}(k+1)(k+2)\right\}^2+(k+2)^3+a_{3k+3}{}^3$$

$$\left\{\frac{1}{2}(k+2)(k+3)+a_{3k+3}\right\}^2=\left\{\frac{1}{2}(k+2)(k+3)\right\}^2+a_{3k+3}{}^3$$

$$a_{3k+3}{}^3-a_{3k+3}{}^2-(k+2)(k+3)a_{3k+3}=0 \qquad \longleftarrow \boxed{a_{3k+3} \text{ の3次方程式と見る！}}$$

$$a_{3k+3}(a_{3k+3}+k+2)\{a_{3k+3}-(k+3)\}=0 \qquad \longleftarrow \boxed{\text{因数分解！}}$$

①より，$a_{3k+3}=a_{3(k+1)}<0$ であるから　$a_{3k+3}=-(k+2)$

∴　$a_{3(k+1)}=-(k+2)$

したがって，$a_{3(k+1)-2}=k+1$, $a_{3(k+1)-1}=k+2$, $a_{3(k+1)}=-(k+2)$ となるから，

$m=k+1$ のときも③は成り立つ。

(i), (ii)より，すべての自然数 m に対して③は成り立つ。

したがって，$\underline{a_{3m-2}=m}$, $\underline{a_{3m-1}=m+1}$, $\underline{a_{3m}=-(m+1)}$

重要ポイント 総整理！

「実験」して「推測」から「帰納法」で証明

　数学の中で，特に，**整数や数列の分野**で重要な問題へのアプローチ法があります。それは，「実験」をするということです。数学の世界での「実験」とは，

　　問題の内容を理解するために，具体的に書き出し，その問題に潜む特殊性を探ること

です。

　　　　　　「実験」をすることで，答えにいたる法則を「推測」

して，その後，

　　　　　　この予想が正しいことを「数学的帰納法」などで証明する

ことで，答えを導き出すことができます！　漸化式の一般項 a_n を「推測」し，その結果を数学的帰納法によって証明することで，一般項 a_n を求める問題を通じて，「実験」というアプローチ法を身につけましょう！　誘導がある問題で学んでいきましょう！

> 　次の条件によって定められる数列 $\{a_n\}$ がある。
>
> $$a_1 = \frac{1}{3}, \quad a_{n+1} = \frac{3a_n + 1}{a_n + 3} \quad (n = 1, 2, 3, \cdots\cdots)$$
>
> (1) $a_2,\ a_3,\ a_4,\ a_5$ を求めよ。
>
> (2) 一般項 a_n を推測して，その結果を数学的帰納法によって証明せよ。
>
> (3) 不等式 $a_n > 1 - 10^{-18}$ を満たす最小の自然数 n を求めよ。ただし，$\log_{10} 2 = 0.3010$ とする。
>
> （新潟大）

(1)　$a_{n+1} = \dfrac{3a_n + 1}{a_n + 3}$ $(n = 1, 2, 3, \cdots\cdots)$ ……① について ← (1)で実験していきましょう！

①で $n = 1$ とすると，$a_1 = \dfrac{1}{3}$ であるから　$\underline{a_2 = \dfrac{3a_1 + 1}{a_1 + 3} = \dfrac{3 \cdot \dfrac{1}{3} + 1}{\dfrac{1}{3} + 3} = \dfrac{3}{5}}$

①で $n = 2$ とすると，$a_2 = \dfrac{3}{5}$ であるから　$\underline{a_3 = \dfrac{3a_2 + 1}{a_2 + 3} = \dfrac{3 \cdot \dfrac{3}{5} + 1}{\dfrac{3}{5} + 3} = \dfrac{7}{9}}$

①で $n = 3$ とすると，$a_3 = \dfrac{7}{9}$ であるから　$\underline{a_4 = \dfrac{3a_3 + 1}{a_3 + 3} = \dfrac{3 \cdot \dfrac{7}{9} + 1}{\dfrac{7}{9} + 3} = \dfrac{15}{17}}$

①で $n = 4$ とすると，$a_4 = \dfrac{15}{17}$ であるから　$\underline{a_5 = \dfrac{3a_4 + 1}{a_4 + 3} = \dfrac{3 \cdot \dfrac{15}{17} + 1}{\dfrac{15}{17} + 3} = \dfrac{31}{33}}$ ← 規則性が見えてきましたね！

(2) (1)より, $a_n = \dfrac{2^n-1}{2^n+1}$ ……② と推測できる。◀ 「実験」→「推測」→「証明」の流れですね!

②が成り立つことを数学的帰納法を用いて証明する。

(i) $n=1$ のとき, $a_1 = \dfrac{2^1-1}{2^1+1} = \dfrac{1}{3}$ となるから, ②は成り立つ。

(ii) $n=k$ のとき, ②が成り立つ。すなわち $a_k = \dfrac{2^k-1}{2^k+1}$ ……③ が成り立つと仮定する

と, ①, ③より

$$
\begin{aligned}
a_{k+1} &= \frac{3a_k+1}{a_k+3} = \frac{3\cdot\dfrac{2^k-1}{2^k+1}+1}{\dfrac{2^k-1}{2^k+1}+3} \\
&= \frac{3(2^k-1)+2^k+1}{2^k-1+3(2^k+1)} \\
&= \frac{4\cdot2^k-2}{4\cdot2^k+2} \\
&= \frac{2^{k+1}-1}{2^{k+1}+1}
\end{aligned}
$$

よって, $n=k+1$ のときにも②は成り立つ。

(i), (ii)より, すべての自然数 n について, $a_n = \dfrac{2^n-1}{2^n+1}$ が成り立つ。 □

(3) (2)より, $a_n > 1-10^{-18}$ を解くと

$$\frac{2^n-1}{2^n+1} > 1-10^{-18}$$

$$1 - \frac{2}{2^n+1} > 1-10^{-18}$$

$$\frac{2}{2^n+1} < 10^{-18}$$

$$2\cdot10^{18} < 2^n+1$$

$$2^n > 2\cdot10^{18}-1$$

$$2^n \geqq 2\cdot10^{18}$$

$$n\log_{10}2 \geqq \log_{10}2+18$$

$$n \geqq 1 + \frac{18}{\log_{10}2} = 1 + \frac{18}{0.3010} = 60.8\cdots\cdots$$

よって, 求める最小の自然数 n は __$n=61$__

テーマ **34** │ 「実験」からその問題の特殊性や規則性を見破れ！

これだけは！ 34

解答 (1) （実験）

$n=1$ から書き出してみましょう！
重要ポイント **総整理！** を参照！

$n=15$ のとき，はじめて $f(n)=5$ になります！

n	1 2 3	4 5 6 7 8	9 10 11 12 13 14 15	16
$[\sqrt{n}]$	1 1 1	2 2 2 2 2	3 3 3 3 3 3 3	4
$f(n)=\left[\dfrac{n}{[\sqrt{n}]}\right]$	1 2 3	2 2 3 3 4	3 3 3 4 4 4 ⑤	4

小 大 小 大 小 大

$[\sqrt{n}]=1$ のとき
$f(n)=1,\ 2,\ 3$

$[\sqrt{n}]=2$ のとき
$f(n)=2,\ 3,\ 4$

$[\sqrt{n}]=3$ のとき
$f(n)=3,\ 4,\ ⑤$

k を自然数として，$[\sqrt{n}]=k$ となるのは，
$k\leq\sqrt{n}<k+1$ すなわち $k^2\leq n<(k+1)^2$ ……①
のときである。

テーマ28で扱いましたね！

$[\sqrt{n}]=k$ のとき
$f(n)=k,\ k+1,\ k+2$
と予想できます！
具体的には
$[\sqrt{n}]=4$ のとき，$f(n)=4,\ ⑤,\ 6$
$[\sqrt{n}]=5$ のとき，$f(n)=⑤,\ 6,\ 7$
となりそうですね！
このことを，ガウス記号の性質で示
しましょう！

①の各辺を $k(>0)$ で割ると

$$k\leq\frac{n}{k}<k+2+\frac{1}{k}$$

$$\therefore\quad k\leq\frac{n}{[\sqrt{n}]}<k+2+\frac{1}{k}$$

よって，$[\sqrt{n}]=k$ のとき，$f(n)=\left[\dfrac{n}{[\sqrt{n}]}\right]$ のとりうる値は

$k,\ k+1,\ k+2$

ゆえに，$f(n)=5$ となる k のとりうる値は $k=3,\ 4,\ 5$

$k=3$（$[\sqrt{n}]=3$）のとき，$f(n)$ のとりうる値は $3,\ 4,\ ⑤$ であるから，このときに，
$f(n)=5$ となる最小の n が存在する。

$k=3$（$[\sqrt{n}]=3$）となるのは，①より

$3^2\leq n<4^2$ すなわち $9\leq n<16$ ……②

のときである。

$f(n)=5$ より $\left[\dfrac{n}{3}\right]=5$

$$\therefore\quad 5\leq\frac{n}{3}<6$$

$$\therefore\quad 15\leq n<18 \quad\cdots\cdots③$$

②，③より，$f(n)=5$ となる n の**最小値は 15**

実際に，表に書き出してもよいです！

n	9 10 11	12 13 14	15
$f(n)=\left[\dfrac{n}{[\sqrt{n}]}\right]$	3 3 3	4 4 4	5

また，$k=5$ のとき，$f(n)$ のとりうる値は⑤，6，7 であるから，このときに，$f(n)=5$
となる最大の n が存在する。

$k=5$ となるのは，①より

$$5^2 \leqq n < 6^2 \quad \text{すなわち} \quad 25 \leqq n < 36 \quad \cdots\cdots ④$$

のときである。

$f(n)=5$ より $\left[\dfrac{n}{5}\right]=5$

$\therefore \quad 5 \leqq \dfrac{n}{5} < 6$

$\therefore \quad 25 \leqq n < 30 \quad \cdots\cdots ⑤$

④，⑤より，$f(n)=5$ となる n の**最大値は 29**

実際に，表に書き出してもよいです！

n	25 26 27 28 29 ┊ 30 $\cdots\cdots$
$f(n)=\left[\dfrac{n}{[\sqrt{n}\,]}\right]$	5　5　5　5　5 ┊ 6 $\cdots\cdots$

(2) (実験)

n	1	2	3	④	5	6	7	8	⑨	10	11	12	13	14	15	⑯
$[\sqrt{n}\,]$	1	1	1	2	2	2	2	2	3	3	3	3	3	3	3	4
$f(n)=\left[\dfrac{n}{[\sqrt{n}\,]}\right]$	1	2	③	②	2	3	3	④	③	3	3	4	4	4	⑤	④

減　　　　　　　　減　　　　　　　　　　　　減

小　　大 小　　　　　大 小　　　　　　　　　　大

k を自然数として，$[\sqrt{n}\,]=k$ となる $k^2 \leqq n < (k+1)^2$ の範囲では，n が増加すると，

$\dfrac{n}{k}$ も増加する。

よって，$k^2 \leqq n < (k+1)^2-1$ の範囲では，$f(n) \leqq f(n+1)$ となる。

ここで，$n=(k+1)^2-1$ すなわち $n=k^2+2k$ のとき，$[\sqrt{n}\,]=k$ であるから

$$f(n)=f(k^2+2k)=\left[\dfrac{k^2+2k}{k}\right]=[k+2]=k+2$$

$n=3,\ 8,\ 15,\ \cdots\cdots$ のとき を考えています！

また，$n+1=(k+1)^2$ より，$[\sqrt{n+1}\,]=[k+1]=k+1$ であるから

$$f(n+1)=f((k+1)^2)=\left[\dfrac{(k+1)^2}{k+1}\right]=[k+1]=k+1$$

$n=4,\ 9,\ 16,\ \cdots\cdots$ のとき を考えています！

以上より，$f(n)>f(n+1)$ となるのは，$n+1=(k+1)^2$ のときのみである。

$44^2=1936$，$45^2=2025$ であるから $44^2 < 2007 < 45^2$

よって，$f(n)>f(n+1)$ となる $n+1$ は，$2 \leqq n+1 \leqq 2008$ に注意して

$n+1=(k+1)^2$ $(1 \leqq k \leqq 43)$ の 43 個

したがって，$n+1$ に対応して n も **43個**

$f(n)>f(n+1)$ となるのは，$n+1=\bullet^2$ のときと予想できます！ これを示します！ 具体的には $n+1=4,\ 9,\ 16,\ \cdots\cdots$ のとき，$f(n)>f(n+1)$ となることを示します！

重要ポイント 総整理！

解法の糸口をつかむ「実験」

数学の中で，特に，**整数や数列の分野**で重要な問題へのアプローチ法があります。それは，「実験」をするということです。数学の世界での「実験」とは

問題の内容を理解するために，具体的に書き出し，

その問題に潜む特殊性や規則性を探ること

です。「実験」というアプローチ法を身につけ，解法の糸口を見つけましょう！

n を自然数とする。n，$n+2$，$n+4$ がすべて素数であるのは $n=3$ の場合だけであることを示せ。

(早稲田大)

（実験）

n	$n+2$	$n+4$
1	③	5
2	4	⑥
③	5	7

n	$n+2$	$n+4$
4	⑥	8
5	7	⑨
⑥	8	10

n	$n+2$	$n+4$
7	⑨	11	← $n=3k-2$ 型！
8	10	⑫	← $n=3k-1$ 型！
⑨	11	13	← $n=3k$ 型！

実験をしていくと，n，$n+2$，$n+4$ のいずれかは，3の倍数であることが分かります！

このことに着目すると，自然数 n を3で割った余りで分類を行い，$n=3k-2$，$n=3k-1$，$n=3k$ （k は自然数）の3つの場合に分けて考えるとよいことになります。さらに，

$n=3k-2$ のときは $n+2$ が3の倍数に，$n=3k-1$ のときは $n+4$ が3の倍数に，$n=3k$ のときは n が3の倍数になるので，それらが素数になる，すなわち，3になる場合を調べていけばよいことになります！

解答 (i) $n=3k-2$ （k は自然数）のとき，

$n+2$ $(=3k)$ **が素数になるのは，**$n+2=3$，すなわち，$n=1$ のときである。

このとき，$(n, n+2, n+4)=(1, 3, 5)$ となるが，1は素数ではないので，不適になる。

(ii) $n=3k-1$ （k は自然数）のとき，

$n+4=3k+3=3(k+1)$ であるから，**$n+4$ は6以上の3の倍数**となり，素数ではないので，不適になる。

(iii) $n=3k$ （k は自然数）のとき，

n $(=3k)$ **が素数になるのは，**$n=3$ のときである。

このとき，$(n, n+2, n+4)=(3, 5, 7)$ となり，すべて素数である。

以上より，n，$n+2$，$n+4$ がすべて素数であるのは，$n=3$ の場合だけである。　□

(1) p, $2p+1$, $4p+1$ がいずれも素数であるような p をすべて求めよ。

(2) q, $2q+1$, $4q-1$, $6q-1$, $8q+1$ がいずれも素数であるような q をすべて求めよ。

（一橋大）

(1)　（実験）

p	$2p+1$	$4p+1$
1	③	5
2	5	⑨
③	7	13

p	$2p+1$	$4p+1$
4	⑨	17
5	11	㉑
⑥	13	25

p	$2p+1$	$4p+1$
7	⑮	29	← $p=3k-2$ 型！
8	17	㉝	← $p=3k-1$ 型！
⑨	19	37	← $p=3k$ 型！

(i) $p=3k-2$ （k は自然数）のとき，

$2p+1$（$=6k-3=3(2k-1)$）が素数になるのは，$2p+1=3$，すなわち，$p=1$ のときである。

このとき，$(p, 2p+1, 4p+1)=(1, 3, 5)$ となるが，1 は素数ではないので，不適になる。

(ii) $p=3k-1$ （k は自然数）のとき，

$4p+1=12k-3=3(4k-1)$ であるから，$4p+1$ は 9 以上の 3 の倍数となり，素数ではないので，不適になる。

(iii) $p=3k$ （k は自然数）のとき，

p（$=3k$）が素数になるのは，$p=3$ のときである。

> p, $2p+1$ がともに素数のとき，p をソフィー・ジェルマンの素数といいます！

このとき，$(p, 2p+1, 4p+1)=(3, 7, 13)$ となり，すべて素数である。

以上より，p, $2p+1$, $4p+1$ がいずれも素数であるのは，<u>$p=3$</u> の場合だけである。

(2)　（実験）

q	$2q+1$	$4q-1$	$6q-1$	$8q+1$
1	3	3	⑤	9
2	⑤	7	11	17
3	7	11	17	㉕
4	9	⑮	23	33
⑤	11	19	29	41

q	$2q+1$	$4q-1$	$6q-1$	$8q+1$
6	13	23	㉟	49
7	⑮	27	41	57
8	17	31	47	㊻ 65
9	19	㉟	53	73
⑩	21	39	59	81

(i) $q=5k-4$ （k は自然数）のとき，

$6q-1$（$=30k-25=5(6k-5)$）が素数になるのは，$6q-1=5$，すなわち，$q=1$ のときである。

このとき，$(q, 2q+1, 4q-1, 6q-1, 8q+1)=(1, 3, 3, 5, 9)$ となるが，1 と 9 は素数ではないので，不適になる。

(ii) $q=5k-3$ （k は自然数）のとき，

$2q+1$（$=10k-5=5(2k-1)$）が素数になるのは，$2q+1=5$，すなわち，$q=2$ のときである。

このとき，$(q,\ 2q+1,\ 4q-1,\ 6q-1,\ 8q+1)=(2,\ 5,\ 7,\ 11,\ 17)$ となり，すべて素数である。

(iii) $q=5k-2$ （k は自然数）のとき，

$8q+1=40k-15=5(8k-3)$ であるから，$8q+1$ は 25 以上の 5 の倍数となり，素数ではないので，不適になる。

(iv) $q=5k-1$ （k は自然数）のとき，

$4q-1=20k-5=5(4k-1)$ であるから，$4q-1$ は 15 以上の 5 の倍数となり，素数ではないので，不適になる。

(v) $q=5k$ （k は自然数）のとき，

$q\ (=5k)$ が素数になるのは，$q=5$ のときである。

このとき，$(q,\ 2q+1,\ 4q-1,\ 6q-1,\ 8q+1)=(5,\ 11,\ 19,\ 29,\ 41)$ となり，すべて素数である。

以上より，$q,\ 2q+1,\ 4q-1,\ 6q-1,\ 8q+1$ がいずれも素数であるのは，$\underline{q=2,\ 5}$ の場合である。

テーマ **35** 全称命題！ 必要条件を求めてから十分性の検証！

これだけは！ 35

解答 $a_{n+2}=\dfrac{3}{2}a_{n+1}-a_n$ $(n=1,\ 2,\ 3,\ \cdots\cdots)$ ……①

すべての n について，$a_n=\cos(n-1)\theta$ ……② が成り立つので，$n=3,\ 4$ のときも，② が成り立つ。すなわち $a_3=\cos2\theta$，$a_4=\cos3\theta$ となることが必要である。

> 重要ポイント **総整理！**
> を参照！

①で $n=1$ とすると，$a_3=\dfrac{3}{2}a_2-a_1$ であるから

$$\cos2\theta=\frac{3}{2}\cos\theta-1$$

$$2\cos^2\theta-1=\frac{3}{2}\cos\theta-1$$

$$\cos\theta(4\cos\theta-3)=0$$

∴ $\cos\theta=0,\ \dfrac{3}{4}$ ……③ ◀ $a_3=\cos2\theta$ となるための必要条件！

また，①で $n=2$ とすると，$a_4=\dfrac{3}{2}a_3-a_2$ であるから

$$\cos3\theta=\frac{3}{2}\cos2\theta-\cos\theta$$

$$4\cos^3\theta-3\cos\theta=\frac{3}{2}(2\cos^2\theta-1)-\cos\theta$$

$$8\cos^3\theta-6\cos^2\theta-4\cos\theta+3=0$$

$$(4\cos\theta-3)(2\cos^2\theta-1)=0$$

∴ $\cos\theta=\dfrac{3}{4},\ \pm\dfrac{1}{\sqrt{2}}$ ……④ ◀ $a_4=\cos3\theta$ となるための必要条件！

③，④より，$\cos\theta=\dfrac{3}{4}$ **（必要条件）** ◀ $a_3=\cos2\theta$ かつ $a_4=\cos3\theta$ となるための必要条件！

逆に，$\cos\theta=\dfrac{3}{4}$ のとき，すべての n について，②が成り立つことを（二段仮定の）**数学的帰納法で証明する。** ◀

> 十分性の検証
> 漸化式①から二段仮定の数学的帰納法
> です！ 詳しくは，テーマ31で！

(i) $n=1$ のとき，②で $n=1$ とすると
$$a_1=\cos(1-1)\theta=1$$
$n=2$ のとき，②で $n=2$ とすると
$$a_2=\cos(2-1)\theta=\cos\theta$$
$a_1=1$，$a_2=\cos\theta$ であるから，$n=1,\ 2$ のとき②は成り立つ。

(ii) $n=k,\ k+1$ のとき，②すなわち
$$a_k=\cos(k-1)\theta\ \ \cdots\cdots⑤$$

$$a_{k+1}=\cos k\theta \quad \cdots\cdots ⑥$$

が成り立つと仮定すると，①，⑤，⑥より

$$a_{k+2}=\frac{3}{2}a_{k+1}-a_k$$

$$=\frac{3}{2}\cos k\theta-\cos(k-1)\theta$$

$$=\frac{3}{2}\cos k\theta-\cos k\theta\cos\theta-\sin k\theta\sin\theta$$

ここで，$\cos\theta=\dfrac{3}{4}$ より，$\dfrac{3}{2}=2\cos\theta$ であるから

$$a_{k+2}=2\cos\theta\cos k\theta-\cos k\theta\cos\theta-\sin k\theta\sin\theta$$

$$=\cos k\theta\cos\theta-\sin k\theta\sin\theta$$

$$=\cos(k+1)\theta$$

よって，$n=k+2$ のときにも②は成り立つ。

(i)，(ii)より，$\cos\theta=\dfrac{3}{4}$ のとき，すべての自然数 n について，②は成り立つ。

以上より　$\underline{\cos\theta=\dfrac{3}{4}}$

全称命題！　必要条件を求めてから十分性の検証！

まずは，次の問題を解いてみましょう！

2 つのベクトル $\vec{a}=(k,\ 1)$ と $\vec{b}=(2,\ -1)$ のなす角が $45°$ のとき，実数 k の値を求めよ。

解答〔同値変形を繰り返し行う解答〕

$$\vec{a}\cdot\vec{b}=|\vec{a}||\vec{b}|\cos45°$$

$$\Longleftrightarrow 2k-1=\sqrt{k^2+1}\times\sqrt{5}\times\frac{1}{\sqrt{2}}$$

$$\Longleftrightarrow 3k^2-8k-3=0\quad かつ\quad 2k-1>0$$

$$\Longleftrightarrow (3k+1)(k-3)=0\quad かつ\quad k>\frac{1}{2}$$

$$\therefore\quad k=3$$

別解〔必要条件 → 十分性の検証の解答〕

$$\vec{a}\cdot\vec{b}=|\vec{a}||\vec{b}|\cos45°$$

$$\Longleftrightarrow 2k-1=\sqrt{k^2+1}\times\sqrt{5}\times\frac{1}{\sqrt{2}}\quad\cdots\cdots①$$

$$\Longrightarrow 3k^2-8k-3=0\quad\longleftarrow\boxed{2乗しているので，同値性が崩れます！}$$

$$\Longleftrightarrow (3k+1)(k-3)=0$$

$$\therefore\quad k=-\frac{1}{3},\ 3\quad（必要条件）$$

逆に，①を満たすのは，$k=3$ のときである。$\longleftarrow\boxed{十分性の検証！}$

皆さんは，どちらの解答で解きましたか？　もちろん，両方とも正解になります！
解答 の解き方は，

　　　　同値変形を繰り返し行うことで，答えとなる必要十分条件を求める方法

ですね！　また，**別解** の解き方のように，

　　　　必要条件を求める作業と，それが十分条件になっているかの検証を分けて考える

ことも数学的にかなり有効な解答になります！　残念ながら，入試問題の中には，**同値変形を繰り返し行うことで答えとなる必要十分条件を求める**ことが困難な問題が存在します。その多くの問題では，

　　　　すべての○○○に対して，○○○が成り立つような○○○を求めよ

という全称命題の形をしています。そのような問題では，**別解** の解き方のように，まず，必要条件を求め，その後，十分性の検証を行うことで，必要かつ十分な条件を求める方法で問題にアプローチしていきましょう！　全称命題の問題では，必要条件を求める段階で，少しコツが必要です。この必要条件が，将来，十分条件にもなるようにしないといけません。次の問題で，この具体的なアプローチの方法をマスターしましょう！

(1) $x \geqq 0$, $y \geqq 0$ のとき，常に不等式 $\sqrt{x+y}+\sqrt{y} \geqq \sqrt{x+ay}$ が成り立つような正の定数 a の最大値を求めよ。

(2) a を(1)で求めた値とする。$x \geqq 0$, $y \geqq 0$, $z \geqq 0$ のとき，常に不等式
$\sqrt{x+y+z}+\sqrt{y+z}+\sqrt{z} \geqq \sqrt{x+ay+bz}$ が成り立つような正の定数 b の最大値を求めよ。

(横浜国立大)

(1) 不等式 $\sqrt{x+y}+\sqrt{y} \geqq \sqrt{x+ay}$ ……① がどのような $x \geqq 0$, $y \geqq 0$ に対しても常に成り立つので，$(x, y)=(0, 1)$ に対しても，不等式①が成り立つことが必要である。

$(x, y)=(0, 1)$ のとき，$1+1 \geqq \sqrt{a}$ であるから

$0 < a \leqq 4$ （**必要条件**）

> $(x, y)=(0, 0), (1, 0)$ では，a の必要条件が出てきません！
> $(x, y)=(0, 2)$ のとき，$\sqrt{2}+\sqrt{2} \geqq \sqrt{2a}$
> $2\sqrt{2} \geqq \sqrt{2a}$ ∴ $2 \geqq \sqrt{a}$ ∴ $4 \geqq a > 0$
> と同じ必要条件が出ますね！ このときも，「実験」をするとよいことが分かります！

逆に，$a=4$ のとき ← 十分性の検証！

$(\sqrt{x+y}+\sqrt{y})^2 - (\sqrt{x+4y})^2$

$= x+2y+2\sqrt{(x+y)y} - (x+4y)$

$= 2\sqrt{(x+y)y} - 2y$

$= 2\sqrt{y}(\sqrt{x+y} - \sqrt{y})$ ← この変形がポイント！

$\geqq 0$ （∵ $x \geqq 0$, $y \geqq 0$）

∴ $(\sqrt{x+y}+\sqrt{y})^2 \geqq (\sqrt{x+4y})^2$

$\sqrt{x+y}+\sqrt{y} \geqq 0$, $\sqrt{x+4y} \geqq 0$ であるから $\sqrt{x+y}+\sqrt{y} \geqq \sqrt{x+4y}$

よって，a の最大値は **4**

(2) 不等式 $\sqrt{x+y+z}+\sqrt{y+z}+\sqrt{z} \geqq \sqrt{x+4y+bz}$ ……② がどのような $x \geqq 0$, $y \geqq 0$, $z \geqq 0$ に対しても成り立つので，$(x, y, z)=(0, 0, 1)$ に対しても，不等式②が成り立つことが必要である。

$(x, y, z)=(0, 0, 1)$ のとき，$1+1+1 \geqq \sqrt{b}$ であるから $0 < b \leqq 9$ （**必要条件**）

逆に，$a=4$, $b=9$ のとき ← 十分性の検証！

$(\sqrt{x+y+z}+\sqrt{y+z}+\sqrt{z})^2 - (\sqrt{x+4y+9z})^2$

$= x+2y+3z+2\sqrt{x+y+z}\sqrt{y+z}+2\sqrt{x+y+z}\sqrt{z}+2\sqrt{y+z}\sqrt{z} - (x+4y+9z)$

$= \{2\sqrt{x+y+z}\sqrt{y+z} - 2(y+z)\} + (2\sqrt{x+y+z}\sqrt{z} - 2z)$

$\quad + (2\sqrt{y+z}\sqrt{z} - 2z)$

$= 2\sqrt{y+z}(\sqrt{x+y+z} - \sqrt{y+z}) + 2\sqrt{z}(\sqrt{x+y+z} - \sqrt{z})$

$\quad + 2\sqrt{z}(\sqrt{y+z} - \sqrt{z})$ ← この変形がポイント！

$\geqq 0$ （∵ $x \geqq 0$, $y \geqq 0$, $z \geqq 0$）

∴ $(\sqrt{x+y+z}+\sqrt{y+z}+\sqrt{z})^2 \geqq (\sqrt{x+4y+9z})^2$

$\sqrt{x+y+z}+\sqrt{y+z}+\sqrt{z} \geqq 0$, $\sqrt{x+4y+9z} \geqq 0$ であるから

$\sqrt{x+y+z}+\sqrt{y+z}+\sqrt{z} \geqq \sqrt{x+4y+9z}$

よって，b の最大値は **9**

MEMO

MEMO